丛书主编　孙关龙　乔清举

历史时期中国生态环境演变史纲

王守春　著

『中国传统生态文化丛书』第一辑

深圳报业集团出版社

ZHONGGUO
CHUANTONG
SHENGTAI
WENHUA
CONGSHU

责任编辑：彭春红　何杏蔚

责任校对：杨　杰　叶怨秋

封面插图：陈　新

封面设计：陈　新

版式设计：友间文化

图书在版编目（CIP）数据

历史时期中国生态环境演变史纲/王守春著.—深圳：深圳报业集团出版社，2024.1

ISBN 978-7-80709-971-0

Ⅰ.①历… Ⅱ.①王… Ⅲ.①生态环境－历史－研究－中国　Ⅳ.①X321.2

中国版本图书馆CIP数据核字（2021）第249638号

历史时期中国生态环境演变史纲

LISHI SHIQI ZHONGGUO SHENGTAI HUANJING YANBIAN SHIGANG

王守春　著

深圳报业集团出版社出版发行

（518034　深圳市福田区商报路2号）

深圳市德信美印刷有限公司印制　新华书店经销

2024年1月第1版　2024年1月第1次印刷

开本：889mm×1194mm　1/32

字数：169千字　印张：10.5

ISBN 978-7-80709-971-0　定价：56.00元

祝賀中國傳統生態文化叢書出版！

努力繼承弘揚中國傳統生態文化的理念和踐行！

癸卯夏

楼宇烈

总　序

经过九年多的努力，国内外第一套中华传统生态文化研究丛书终于问世了。

近三百年来，工业文明造就了巨大的物质财富，极大地推动了人类社会的发展，但同时也引发了全球性的物种灭绝加速、资源全面短缺、环境严重恶化三大生态危机，严重危害着人类的生存、社会的发展，作为后发工业化国家的中国也深受其害。事实教训我们，西方工业文明的老路是行不通的，必须走新路。

习近平总书记指出："生态兴则文明兴，生态衰则文明衰。"曾经辉煌的古埃及文明、古巴比伦文明因生态环境恶化，尤其是土地荒漠化而败落、中断。中国由于自古强调尊重自然，拥有"天人合一""道法自然"等一系列人与自然和谐的思想；拥有至少三千年的生态环境保护制度——虞衡制度；拥有传统生态农业、生态建筑、生态水利、生态医学等一系列生态科学技术；拥有山水诗、田园诗等传统生态文学，山水画、花鸟画等传统生态美术，以及生态性传统哲学理念、传统思维方式等，保证了中华传统文化的连绵不断，历久弥新，虽屡经王朝更迭，而未曾中断。生态文明之路，是中国五千年历史实践和经验指明的道路，是中华民族伟大复兴的道路，是中国式现代化的道路。

然而，广博深邃的五千年中华传统生态智慧却长期未能得到应有重视。近二三十年来，情况发生了根本改观，研究中华传统生态文化的论文、著作不断涌现。不过，令人遗憾的是，国内外至今仍缺乏一套对中华生态智慧展开全面、系统、深入研究的系列著作。有鉴于此，2014年，我们在编撰"自然国学丛书"的过程中萌发了编撰"中国传统生态文化丛书"的想法。经过多年的酝酿、讨论和作者们的辛苦撰写，目前这套丛书面世了。

这是目前中国和世界第一套全面、系统、深入地挖掘和阐明中华传统生态智慧的学术性研究丛书。在学术上，它追求原创性、开拓性和前沿性；在实践上，它力求为我国和世界生态文明建设提供大量可借鉴的理论、知识和技术；在文字上要求精炼，篇幅上要求浓缩，力求易读易懂，具有普及性。

这套丛书包括三个系列：一是通论系列，研究中华传统文化及其各个方面的生态理念，包括《中国传统文化本质上是生态文化》《中国传统生态农业》《儒家生态观》《道家生态观》等；二是诸子系列，研究历史上各个方面代表人物的生态学说和主张，包括《孔子生态观》《苏轼生态观》《徐霞客生态观》等；三是经书系列，研究各种经典古籍中的生态知识和思想，包括《〈周易〉的生态知识和思想》《〈国语〉的生态知识和思想》等。各系列充分展现中华传统生态文化的广度、深度和系统性。

本丛书可供国内外中华传统文化的研究者、爱好者，大专院校的师生，各级政府部门公务人员，各类环保工作人员以及企事业单位管理人员等阅读；亦可供政府部门在全社会普及生态文明理念，进行生态文明建设，推进生态文明实践之用。

作者简介

王守春，1964年毕业于北京大学地理系，长期在中国科学院地理研究所（现名中国科学院地理科学与资源研究所）从事历史地理研究，几乎考察了我国大部分省和自治区，多次考察黄河干流，对自青海省至山东省的沿黄河诸省和自治区进行过多次考察，还对黄土高原、塔里木盆地、准噶尔盆地、内蒙古自治区进行历史地理专题考察和研究，以及对西南、南方、东南和东北诸多省和自治区进行考察。主编《历史时期黄土高原植被与人文要素变化》等著作，与他人和著著作多部，发表论文90多篇，设计历史自然地理、历史人文地理、历史文献研究，以及黄土高原地区与黄河历史地理、新疆与西地区历史地理、山东与河南历史地理、内蒙古与东北历史地理，还涉足古代生态环境与中华文明起源和中华文化形成关系研究。

内容简介

　　本书阐述了我国生态环境空间结构的形成与特征，阐述了历史时期我国森林带、草原和荒漠地区生态环境的变化，阐述了历史时期黄土高原生态环境的变化，还阐述了历史时期罗布泊、居延海等湖泊以及黄河、淮河、永定河等湖泊和河流的变化，还阐述了若干珍稀动物历史时期地理分布的变化，此外，本书还简要阐述了历史中华民族先民在治理和改造生态环境使之优化的区域和典型案例，以及从历史时期生态环境变化和对生态环境治理改造中得出若干启示和思考。本书可供从事水利、林业等生态环境保护领域的工作者以及关注生态环境问题的广大读者参考。

我国今天的生态环境是否自古以来就是这样？
在中华民族的历史上，生态环境经历了哪些变化？中
华民族的先民曾经是在怎样的生态环境中生存、发展
并创造灿烂的中华文明的？我国西北地区的沙漠自古
以来就是这么大的面积吗？自古以来黄土高原水土流
失就是这样严重吗？黄河自古以来泥沙含量就这么高
吗？黄河下游河道为什么是地上河，为什么不能把黄
河下游河道变成地下河？等等。诸多生态环境问题，
不仅是有趣的和重要的科学问题，也对于今天生态文
明建设有着十分重要的意义。对今天生态环境的认
识，不能缺少对历史时期生态环境变化的了解。对历
史时期生态环境的了解，是正确认识和解决今天生态
环境问题的基础。历史时期生态环境变化也是我国国

情的一个组成部分。

我国的生态环境，在历史时期经历了很大的变化。历史时期生态环境的变化对中华民族的历史有着深刻的影响。中华民族的先民从远古时期就非常关注生态环境，留下了宝贵而丰富的记录。这些，为今天研究历史时期生态环境的变化提供了极为宝贵的信息。

研究历史时期生态环境的变化，包括以下几个方面的内容：查明历史时期构成生态环境各要素变化的基本事实、阐明变化的过程、探求生态环境变化的规律和导致变化的原因、总结经验和教训。

中华大地古代曾有过更为秀美的山川和更为良好的生态环境，这是大自然在千百万年的漫长时间中演变和形成的。古代的秀美山川和良好的生态环境孕育滋养了伟大的中华民族。可是古代的曾经秀美的大地已发生了很多改变。很庆幸的是，我们的祖先仍给我们保留下来许多秀美的山川，我们有责任去保护好它们，而且我们还应尽可能地以最大的努力来恢复已受到破坏的生态环境，让青山绿水能常绿常清，让中华大地的生态环境更加秀丽美好。

由于本书受篇幅所限，对很多问题的阐述只能

"蜻蜓点水"，所以本书用"史纲"名之。由于历史时期生态环境变化涉及自然与人文的广泛领域，本书难免有疏漏和不当之处，敬请读者批评指正。

王守春

2020年11月

目 录

1

历史时期生态环境的改造和治理　/ 283

若干启示与思考　/ 289

第一章 我国历史时期生态环境变化的总体特征

我国唯一一条属于北冰洋水系的河流——额尔齐斯河，位于新疆准噶尔盆地北缘，它沿着阿尔泰山南侧自东向西流动。额尔齐斯河有众多支流，都位于该河的北侧，而它的南侧则是荒漠景观的准噶尔盆地。它的众多支流从阿尔泰山脉自北向南流出，从阿尔泰山地中输出丰沛的水量，使得该河虽然在荒漠的准噶尔盆地中，但沿岸却是树木繁茂、生机盎然。它的支流中，最著名的是布尔津河，著名的喀纳斯湖就位于布尔津河上游。喀纳斯湖湖水湛蓝清澈，周边山地树木茂密，景色宜人。此照片是额尔齐斯河尾段，位于布尔津县境内。此段额尔齐斯河的左侧（即南侧）由于是额尔齐斯河冲积平原，有河水滋润，树木茂盛，给荒漠景观的准噶尔盆地带来一片盎然生机和美丽景色。该河的右侧（即北侧）地势较高，得不到河水的滋润，成为戈壁荒漠。右侧这片高地在漫长历史时期中，被流水侵蚀形成姿态万千崎岖而又色彩绚丽的地形，极为壮观。（2008年10月摄）

一、我国生态环境空间格局的形成与特征

我国地处欧亚大陆的东南部，东南面临太平洋，南面距离印度洋不远。夏季来自太平洋和印度洋的季风带来丰沛的降水，但降水的空间分布不均匀。随着向内陆的深入，夏季季风的势力逐渐减弱，而我国西北部地区，夏季季风的势力到达这里已是强弩之末，甚至有的地方夏季季风的势力根本到达不了，降水量自东南向西北逐渐减少，形成半干旱和干旱气候，植被也自东南向西北呈"森林—草原—荒漠"的生态环境格局。

我国生态环境自东南向西北呈"森林—草原—荒漠"的空间分布格局，早在史前时期就已形成。中华民族先民早在上古时期就已认识到中华大地生态环境的这一空间分布格局。如早在成书于春秋时期以前的地理著作《禹贡》中就记载了东部的兖州、徐州、扬州和荆州地区草木茂盛，树木高大挺拔，而西部地区，"导弱水至于合黎，余波入于流沙"。"弱水"即今河西走廊的黑河，"合黎"即今位于河西走廊北侧的合黎山，"流沙"即今所称的巴丹吉林大沙漠。同样成书很早的另一部地理著作《山海经》中的《西山经·西次三经》，两处记载了西北地区的流沙。我国另一部成书很早的地理

著作《穆天子传》中，记载西周周穆王到西北地区巡游，该书描写新疆的荒漠，特别是卷二描写周穆王西征东归经过"沙衍"，因饥渴无水，遂刺马颈取马血以解渴。此"沙衍"应是西北甘肃省与内蒙古西部和新疆东部地区的沙漠。这些记载表明，我国先民很早就认识到，中华大地的生态环境存在着空间差异，自东南向西北，随着降水的逐渐减少，呈现森林、草原和荒漠等自然地带的变化。

除了降水的空间分布影响我国生态环境的空间格局，温度的空间分布也是影响我国生态环境空间分布格局的另一个重要因素。由于我国幅员辽阔，南北纬度跨度很大，南方和北方接受太阳辐射热量差异很大，我国自南向北，有热带、亚热带、暖温带、温带和寒带等几个气候带。相应于各气候带，呈现出热带植被、亚热带植被、暖温带植被、温带植被和寒带植被等生态格局。各植被带的植物构成有所不同，在南方，生长着喜温暖的四季常绿的阔叶树；而在寒冷的北方，则生长着耐寒冷的植物，主要为一些针叶树。

地形也是影响我国生态环境格局的一个重要因素。有"世界屋脊"之称的青藏高原，是最重要的一个地形单元。青藏高原虽然处在中纬度，但因地势高，气候寒冷，被称为地球第三极。高原的南面有喜马拉雅山脉，西面有喀喇昆仑山脉，阻挡了来自大洋的水汽，使高原的大部分地区寒冷干燥，生态环境为高寒的草原和荒漠草原。再如黄土高原，是一个独特的地形单元，在生态环境方面也很独特。历史时期，黄土高原生态环境的变化表现出其独特性。另外，东西方向延伸的秦岭山脉，阻挡了冬季来自北方的寒冷空气，使我国中部地区亚热带北界比东部地区的偏北。历史时期，秦岭对于我国生态环境变化有很大影响，使我国中部地区生态环境若干要素地理分布变化的幅度没有东部地区那样大。

二、我国生态环境的主要构成要素

构成生态环境的要素中最主要的为植被和水体。此外，地形、动物、土壤等也是很重要的生态环境要素。植被和水体，作为生态环境中最主要的两个要素，也是历史时期变化最为显著的要素，是本书中主要予以阐述的两个要素。植被主要分为森林、草原和荒漠三个类别，水体则主要分为河流、湖泊和地下水三个类别，它们在生态环境中各自扮演着不同的角色，起着不同的作用，在历史时期的变化中表现出各自的特点，本书将分别阐述它们在历史时期中的变化概貌。此外，野生动物是大自然长期演化的产物，不同的野生动物适应不同的生态环境，也是生态环境中的构成要素。特别是一些珍稀动物和一些已消失的动物，它们不仅自身具有特殊的价值，而且为我们认识生态环境提供了一个视角。

三、我国历史时期生态环境变化的区域差异

我国由于幅员辽阔，在地形、气候、植被、水文等条件上，都存在区域差异。在地理学上，通常将我国分为三个大区，即东部湿润和半湿润区、西北干旱和半干旱区、青藏高原区。东部湿润和半湿润区属于森林带，西北干旱和半干旱区相当于草原和荒漠带。东部湿润和半湿润区的面积最大，根据地形、气候及植被的情况，又可分为岭南地区、长江中下游地区、黄淮海平原区、东北区、云贵川地区。另外，黄土高原由于其独特的生态环境，将作为一个独立的区域专门予以阐述。

这些地区在历史时期生态环境变化中均有各自的特点。

第二章

历史时期东部森林区生态环境的变化

河北省承德市滦平县的金山岭长城，蜿蜒在燕山山地的腹地。古代，燕山山地曾有茂密森林，因明代修建长城，植被遭到破坏。现在，长城两侧的森林植被逐渐得到恢复。（2010年1月摄）

一、全球气候变化对东部地区植被的影响

距今9000至3000年期间，全球气候要比今天温暖，被称为全新世中期或全新世大暖期或全新世适宜期。在我国，这一时期夏季东南季风的前沿比今天更加深入西北内陆。因此，处于我国中纬度地区的黄河流域和长城内外，气候比今天温暖湿润得多。那时，森林带在西北部的界线远比今天向西北扩展，森林带与草原带之间的界线大致在西宁、银川、呼和浩特、达里诺尔之西到大兴安岭西侧一线。相应地，草原带的西界也比今天向西北方向推进，草原带与荒漠带之间的界线大致在青海格尔木之东，甘肃武威、民勤一线。

距今3000多年之时，全球气候开始趋于变冷，黄河流域的气候趋于变干，对我国植被乃至整个生态环境有深刻影响。最明显的表现在植被带界线的变化上：森林带的西北界向东南退缩。据《中国植被》，今天森林带与草原带的界线大致沿陕北安塞、绥德、山西省岢岚、宁武、应县一线延伸。[①]这一位置与历史早期森林带和草原带之间界线的位置相比，向东移动

---

① 中国植被编辑委员会编著：《中国植被》，北京：科学出版社，1995年版，第807页。

了120千米以上。相应地，草原带与荒漠带之间的界线也向东移动。如内蒙古鄂尔多斯市的东南部，在历史早期曾经是森林带，今天已是草原带；位于呼和浩特市东南面的岱海周围，原来处于森林带，现在为草原带，主要生长锦鸡儿等耐干旱植物；西辽河上游及达里诺尔地区，历史早期也曾是森林带，今天已是草原带。草原带与荒漠带的界线也相应向东移动。

气候变化对东部森林地区的影响，主要表现在竹子、棕榈等喜暖植物分布北界的南移。

1. 历史时期竹林分布北界的变化

竹子是常绿植物，喜温暖湿润的生态环境。大面积连续竹林的分布是与一定的气候条件相适应的。历史时期，我国大面积天然竹林分布北界有很大变化。

在黄河流域的新石器时期考古遗址中，多处发现有竹鼠的骨骼。其中有6000年前属仰韶文化的西安半坡遗址和临潼姜寨遗址，以及龙山文化的临汾陶寺遗址等。特别是半坡遗址，在各考古地层中都发现有竹鼠的遗骸，是半坡遗址中出土兽骨数量较多的一种动物。竹鼠今天在长江以南仍有广泛分布，生存在有大面积茂密竹林的生态环境中。在古代黄河流域多处遗址中发现有竹鼠遗骸，表明这些地方在古代曾有大面积茂密的天然竹林。

古代文献中，有关竹林的记载很多。

《诗经·卫风·淇奥》篇描写淇水之畔竹子生长茂盛的境况："瞻彼淇奥，绿竹猗猗。""瞻彼淇奥，绿竹青青。""淇奥"，即淇水的河湾处。淇水，在今河南新乡市，从太行山流出。"绿竹猗猗"，形容竹子生长茂盛。

我国最早的地理著作之一、成书于战国时期以前的《山海经》中，记载有竹子的山地很多。其中，记载竹子分布最北的一些山地有位于黄土高原上泾河源头的山地、位于山西省临汾市襄汾县陶寺遗址东南面的塔儿山以及位于陕西省东南部丹江源头的山地。该书所反映的可能是距今3000多年前的竹子分布情况。《山海经》所记载的这几个竹子分布的最北面的地方，其纬度在北纬35° 50′至36° 00′。

到汉代，据《史记·货殖列传》记载，"渭川千亩竹"；《汉书·地理志》记载关中地区有"鄠、杜竹林"。"鄠、杜"为位于汉代长安城南面的两个县。这些记载表明，汉代时关中地区竹林分布仍很广。另外，据《汉书·沟洫志》记载，汉武帝伐淇园之竹堵塞黄河瓠子决口，淇园位于今新乡市西北的淇县，黄河瓠子决口位于今河南濮阳。据这些记载，汉代竹林分布北界与战国时期以前相比，向南稍有移动，可能在秦岭—淮河一线稍北。

北魏时期，关中地区虽然还有竹林分布，但已不见长安南面的"鄠、杜竹林"的记载，关中地区竹林面积有所缩小；也不见太行山东侧今新乡地区的"淇园之竹"的记载。

到19世纪末20世纪初，位于秦岭—淮河一线以北许多地区的县志中，还记载有竹子的分布，如陕西周至县，河南陕县、许昌，山东临朐诸县。今天在陕西关中的周至县和河南北部的博爱县还有竹林分布，但这些地方的竹林面积相对较小。有的竹林则是与一定地形条件和小气候有关。如河南省博爱县的竹林，位于太行山南麓，是因太行山阻挡了冬季来自北方的寒冷气流，形成相对较好的小气候环境。因此，这些地方的竹林，不能代表竹林分布的地带性。

19世纪末和20世纪初期，秦岭以南地区竹子不但分布面积广，而且种类多。如清代末年位于秦岭之南的孝义，在《孝义厅志》中记载竹类有多种，再如秦岭之南的宁羌州（今陕西省最西南部的宁强县）其动物中有竹鼠，表明当地竹子分布较广。位于秦岭之南的河南洛宁，在《洛宁县志》"土产"一节中，赞美该县竹林之丰饶："洛宁之竹洵美矣。绿荫满园，计利最饶。"今天在秦岭南侧的汉中地区，竹林仍有广泛分布。这一时期的方志还记载位于淮河南面的河南信阳地区竹子分布广泛，而位于淮河之北的正阳县在县志中记载该县竹子不能满足需求，要由淮河之南的信阳供应。据此，19世纪末和20世纪早期，我国大面积天然竹林分布的北界向南退缩至秦岭—淮河一线。

2. 历史时期楠树分布北界的变化

楠树为喜温暖湿润环境的常绿乔木，生长于亚热带和热带地区，因材质坚硬，不易腐烂，又不被虫蛀，在古代就被视为贵重木材，记载于各种文献之中。历史文献中用"枏（nán）"和"楩（nán）"两个不同文字表示楠树的两个种。

古代楠树分布较广，且分布北界比今天偏北很多。

《山海经》中记载有楠树的山地很多。其中分布最北的山地有秦岭以及徐州北面山地。据此，战国时期以前，楠树分布北界大致在秦岭至徐州一线。

汉代杜笃《论都赋》描写关中地区生长的树木

中有楠树："雍州本帝王所以育业……沃野千里，原隰弥望……号曰陆海，蠢生万类，梗柟檀柘，蔬果成实。"①柟即楠树，雍州指关中地区。杜笃描述的关中地区有楠树，与《山海经》记载秦岭有楠树相印证。

1974年，在北京丰台大葆台发掘的西汉燕王刘旦及其夫人陵墓中，有三层棺为楠木②。该墓葬中使用的楠木木料板材体大量多，应不会是从很远的江南地区运来，很可能是从长江以北地区采买而来，意味着汉代时期楠树分布北界，西部为秦岭，东部可能为淮河甚至更北。

但汉代桓宽《盐铁论》卷一说到"陇蜀之丹漆，荆、扬之皮革骨象，江南之柟、梓、竹箭"③。这一记载表明，楠树在江南地区分布更为广泛，反之表明江北地区楠树相对稀少。

在西部地区，四川最西北部平武县的报恩寺，为明正统五年（1440）至天顺四年（1460）由当地土

① ［汉］杜笃：《论都赋》，载于《御定历代赋汇》卷三十二《都邑》，文渊阁《四库全书》集部第358册，台北：台湾商务印书馆，1987年影印版，第703—706页。
② 鲁琪：《试谈大葆台西汉墓的梓宫、便房、黄肠题凑》，《文物》，1977年第6期，第30—33页。
③ ［汉］桓宽：《盐铁论》卷一《本议第一》，文渊阁《四库全书》子部第1册，台北：台湾商务印书馆，1987年影印版，第486页。

司所建。该寺是目前保存完整的大型明代木结构建筑群，全寺的柱、梁、椽、檩等木构件皆为一色珍贵楠木。这些楠木应为当地所出，表明至少到明代，位于白龙山南侧的平武县还有大量楠树生长。据笔者实地调查，今天该寺内还有楠树，生长得高大茂盛。与平武县大致在同一纬度的汶川县，其民国时期县志亦记载有楠树。

四川东北部，民国《万源县志》"物产"："枏，有椒叶楠、牛矢楠二种，椒叶者作器最良。"

陕西省最南部南郑县，民国《续修南郑县志》"物产"有楠。南郑县与四川接壤。又据该志所记，森林主要分布在该县南部川陕交界的米仓山。

湖北省清末民国初期楠树分布最北面的记载见于民国《南漳县志》。南漳县在襄阳市西南，其纬度大致在北纬31°50′。位于南漳县南面的安陆县，原来楠树较多。道光《安陆县志》"物产"："邑旧产楠，今惟西山石门寺一株犹存。"安陆县楠树消失的原因，据光绪《德安府志》载："郡西北多山，相传金元之际枏木成林，明代建藩，伐而用之，后民苦征贡，遂赭其山，锄其种。"此记载表明，楠树的消失是人为造成的。清代德安府府治在今安陆，辖境包括今随州、应山、安陆、应城、云梦等县，这里的楠树被人为地焚烧和砍伐之后，再未能恢复。

在安徽省，康熙《休宁县志》记载有楠树，但已枯朽。休宁县位于安徽省最南部的黄山之南。民国《歙县志》"物产"中指出，该县从前曾有楠树，到清代楠树已鲜见。道光《续修桐城县志》"物产"中有楠。歙县和桐城县都位于安徽省南部。这些记载表明清代在安徽省南部有楠树分布，但数量已很少。

在江苏省，仅见于光绪《宜兴荆溪县志》"物产"有楠树。宜兴位于太湖西面，地形以山地和丘陵为主，今天自然植被仍保存较好。

据上述，清代和民国时期楠树分布北界，可分为西段和东段：西段大致沿川西北的雅安、汶川、平武等地，经川陕边界的米仓山、大巴山，然后经湖北省南漳县；东段经安徽省最南部至江苏宜兴一线。在上述一线以南，如四川的川中、川东，鄂西南，湖南，江西，浙江，福建诸地，清代和民国时期记载有楠树的方志很多。

综上，历史时期楠树分布北界的变化，大致可分为三个阶段。战国以前的历史早期，楠树分布北界为秦岭—徐州一线稍北。汉代时期，楠树北界可能为秦岭—淮河一线。清代时期，楠树北界，西面在四川西北的平武，向东经湖北省北部、皖南、江苏宜兴一线甚至更南。显然，在西部地区，历史时期楠树北界向南移动的距离较小，而东部地区楠树北界向南移动的距离较大。这可能是与秦岭对冬季来自北方的寒冷空气的阻挡有关，但东部地区楠树分布北界大幅度南移可能还与人类的砍伐有关。如东汉王符在《潜夫论·浮侈篇》中抨击当时用楠树等珍贵树木制作棺材的奢靡之风："京师贵戚，必欲江南檽梓，豫章梗柟，边远下士，亦竞相仿效。夫檽梓豫章，所出殊远，又乃生于深山穷谷……连淮逆河，行数千里，然后到洛。工匠雕治，积累数月，计一棺之成，功将千万。……东至乐浪，西至敦煌，万里之中，相竞用之。"①再如前引，在北京丰台大葆台发掘的西汉燕王刘旦及其夫人陵墓，就使用大量楠木。

2008年笔者在鲁西微山岛考察，见到在道路两旁栽植一年的楠树已成活长出嫩枝（用截去树头的10厘米粗的楠树树干栽植）。当地人告知，只要楠树在这里第一年能成活并度过冬季，以后便可正常生长。此

① ［东汉］王符：《潜夫论·浮侈篇》，文渊阁《四库全书》子部第2册，台北：台湾商务印书馆，1987年影印版，第378页。

外，今天在河南省南部的大别山北侧的董寨国家级自然保护区、连康山国家级自然保护区以及位于桐柏山北侧的高乐山国家级自然保护区，仍有楠树生存。这些事实表明，今天楠树可以生存的最北界，应是与微山岛相近的纬度。历史时期楠树分布北界的南移，人类砍伐可能是很重要的原因。

3. 历史时期棕榈分布北界的变化

棕榈为常绿植物，生长于气候温暖的亚热带和热带地区。

棕榈在古代文献中称为椶、棕，又称为栟榈。《山海经》对棕榈的分布多有记载。其中记载棕榈分布最北的山地有：今石家庄西北磁河上游的"高是之山"、宁夏南部六盘山的"高山"、陕北榆林地区的"号山"和秦岭西端的"底阳之山"。这些山地连线，为棕榈分布北界：西自秦岭西端，经六盘山主峰、陕北和太行山地的中部，呈西南—东北一线延伸，其时代为《山海经》撰写时代，即在春秋甚至西周以前。

清代与民国时期，陕西、湖北、江苏等省许多方志在"物产"中都记载有棕榈。其位置最北面的府和县有：陕西汉中的南郑、城固、柞水、石泉，湖北省竹山、郧阳、孝感、南漳、宜城，江苏省高邮、南通、扬州府、江阴、丹徒等。其中有的方志还记载了棕榈的生长情况。如，光绪《杭州府志》"物产"中记载："慈云岭满山皆棕榈。"上述地点的连线即清代和民国时期棕榈分布的北界，与历史早期的棕榈分布北界相比，已大大向南退缩。

二、历史时期东部森林带原始植被的区域差异及其变化

东部森林带，地域范围跨度很大，从南面的南海诸岛到北面的黑龙江，从东面的海滨到西面的青藏高原东缘，气温和降水差异很大，地形上也有很大差异，其原始植被以及历史时期植被的变化也表现出区域差异性。

1. 黄淮海平原及周围山地

黄淮海平原又称华北平原。这一地区是中华民族开发较早，也是开发程度高的地区之一。在自然因素和人类活动的影响下，历史时期这里的植被变化很

大。在距今4000—3000年前的历史早期，大平原上人口很少，整个平原的大部分地区为森林所覆盖，间有草地，以及众多湖泊和沼泽，其中生长了芦苇、香蒲、菱角等水生植物。

历史文献记载表明，古代黄淮海平原乔木和草本植物都生长茂盛。如《禹贡》记载，位于鲁西的兖州地区，草和树木都长得繁茂。向南，到了徐州地区，草和树木长得更加繁茂。

树木的构成，大平原的北部和南部也存在差异。平原北部，树木构成以栎、榆、胡桃、臭椿、李等暖温带落叶阔叶树为主，并有少量亚热带树木。越向南，喜暖的亚热带植物种类越多，如大片竹林、楠树、樟树等。

随着人类对大平原的开发，越来越多的土地变为农田，那些具有经济价值的树木在树木构成中的比例越来越高。如，汉代桓宽《盐铁论·本议》有"兖、豫之漆"，这里的兖、豫是指今鲁西和豫东地区，这些地区漆树很多。司马迁在《史记·货殖列传》中记载"河济之间千树荻""齐、鲁千亩桑麻"。所谓"河济之间"即今天河北省南部和河南省北部的大平原。

但在春秋战国时期以后，黄淮海平原上有许多地名用耐干旱的木本植物如枣树、酸枣等来命名，如棘津、枣强、酸枣等县。这些地名反映耐干旱的植物增多，似乎反映黄淮海平原至少早在2000多年前生态环境就表现出干旱化。但黄淮海平原生态环境的变化主要是人类活动导致的。

今天，黄淮海平原已被高度集约化开发，成为我国重要的粮棉油生产地和重要经济区，除了河道以及现存的少量湖泊等自然要素，棋盘格式的农田、果园和散布其间的城镇与乡村聚落构成大平原的主要特征。需要指出的是，树木的种植虽然也得到广泛重视，如田块之间普遍种植防护林带，但树种大多单一，由杨树、刺槐、柳树等速生树种构成树种单一的林带，纵横在农田之间。有的地方则种植单一的经济树木，树木的种类较古代贫乏。但现在已有个别地方试种某些珍贵树种，如前述在鲁西微山岛栽植楠树作为行道树。有的地方结合新农村建设，对周围环境进行绿化和美化，已注意树种选择。新成立的雄安新区制订的造林规划，也重视选用多种树种组合。

黄淮海平原周边山地，古代植被以森林为主。

位于黄淮海平原东面的鲁中山地和胶东丘陵，古代原始植被以乔木为主。乔木有松、栎、榆、桑、漆等。如，《禹贡》记载以"岱"（泰山）为中心的鲁中山地多松。

《山海经·东山经》记载齐鲁山地多漆，多桑、柘，多栲，多构树。

《诗经·鲁颂·閟宫》："徂来之松，新甫之柏。"徂来山和新甫山，都是鲁国都城曲阜附近的山地。

《管子·地员篇》概括了黄河下游平原和山东半岛山地的不同地形和土壤上适合生长的树木种类，有桐、梓、榆、柳、桑、柘、栎、槐、杨、檀、柞、松、楝等以及竹子，而且这些树木都长得茂密挺拔高大，还区分出不同的地形部位和不同土壤上生长的树木有所不同。

太行山在古代巨木良材很多。曹操于建安十八年（213）大建邺城，让主管工程的梁习"于上党取大材供邺宫室"[①]。上党位于今晋东南的长冶市，这里为太行山南段。

晋代左思在《魏都赋》中描写邺城及周围地区

① ［晋］陈寿：《三国志·魏书·梁习传》，北京：中华书局，1982年版，第469页。

"山林幽映，川泽回缭"①，其中的山林即指位于邺城西面的太行山上的森林。

历史上太行山曾多次发洪水将太行山中的大树冲下来。如，北朝石勒后赵时期，滹沱河大洪水，冲下大量巨松大木，为石勒建造邺城提供了众多木料："大雨霖，中山、常山尤甚。滹沱泛溢，冲陷山谷。巨松僵拔，浮于滹沱。东至渤海，原隰之间，皆如山积。"第二年，石勒下令利用这些巨木良材在邺城建造殿宇："勒下令曰：'去年水出巨材，所在山积，将皇天欲孤缮修宫宇也，其拟洛阳之太极起建德殿。'遣从事中郎任汪帅工匠五千采木以供之。""勒将营邺都……时大雨霖，中山西北暴水，漂流巨木百余万根，集于堂阳。勒大悦，谓公卿曰：'诸卿知不？此非为灾也，天意欲吾营邺都耳。'于是令少府任汪、都水使者张渐等监营邺宫，勒亲授规模。"②此次大洪水可能是在大兴二年（319）之后。堂阳在今河北省新河县西北，位于漳水之南。

再如，北魏郦道元在《水经注·浊水注》中记

---

① ［晋］左思：《三都赋》，载于《文选》卷六，文渊阁《四库全书》集部第268册，台北：台湾商务印书馆，1987年影印版，第103页。
② ［唐］房玄龄等：《晋书·石勒载记下》，北京：中华书局，1982年版，第2736、2737页。

载唐河的一次洪水冲下来大量巨树大木："秦氏建元中，唐水泛涨，高岸崩颓，（安熹）城角之下有积木交横，如梁柱焉。后燕之初，此木尚在，未知所从。余考记稽疑，盖城地当初山水奔荡，漂沦巨柮，阜积于斯。沙息壤加，渐以成地。板筑既兴，物固能久矣。"①唐水即唐河，滹沱河支流。

位于黄淮海平原北面的燕山山地，古代也以森林植被为主。北宋沈括在《熙宁使辽图抄》中记载他经过"云岭"时沿途的植被："径路行于巑岏荟翳之间"②。"云岭"位于密云东北的燕山山地中部，"巑岏荟翳"为地形崎岖，林木茂密之意。此记载表明，云岭上的崎岖小路两旁森林茂密。直到元代，文人笔下的燕山山地仍林木茂盛。如元代周伯琦的《扈从诗·序》描写由今北京延庆向东北经赤城及独石口的燕山山地为"高峻曲折""皆深林复谷""尤多巨材"。③《元一统志》记载："松山，在富庶县西五十里，南北长二十

①　［北魏］郦道元著，陈桥驿校证：《水经注校证》，北京：中华书局，2007年版，第289页。
②　杨渭生：《沈括熙宁使辽图抄辑笺》，载于《沈括研究》，杭州：浙江人民出版社，1985年版，第297—321页。
③　《元诗纪事》卷二十，王云五主编：《万有文库》，上海：商务印书馆，民国二十二年（1933）版，第392页。（说明：20世纪30年代的商务印书馆在上海，1950年后搬到北京）

里，东西广五里，地多松因名。""梓木山，在和众县东南二十里，以山多梓木故名。"富庶县位于今辽宁省朝阳市西南，和众县为今凌源县。两县位于燕山山地东端与辽西山地的接合部。

从元代始，北京成为统一的中国政治中心，人口聚集，城市建设，特别是皇宫的建造，需要大量木材，对周围山地植被造成破坏。如，元代的《卢沟筏运图》，描绘了元代初期在卢沟桥附近堆积如山的木料，这些木料采伐自永定河上中游地区。元朝在滦河上游闪电河北侧建上都，作为陪都，每年夏季帝王和大臣们都要来此避暑。在上都的带动和刺激下，其周围地区还兴起一些农业聚落，这对滦河上游和西辽河上游地区的森林植被有很大破坏。如《口北三厅志》卷十四《艺文三》收录元代诗人袁桷《松林行》诗中有"万井燃松烟似墨"之句，卷十五收录元代白珽诗中有"滦人薪巨松，童山八百里"①之句，都生动地说明当时人们对森林的破坏。

明代也大规模兴建北京城，导致大量人口聚集，

---

① ［清］金志节原本，黄可润增修：《口北三厅志》，乾隆二十三年（1758）刊本，《中国方志丛书》，台北：成文出版社，1968年影印版，第246、278页。

明代还修建自山海关至嘉峪关的长城，这些都需要大量木材，其中有很大部分取自周边的燕山山地和太行山山地。如，明代马文升在奏文中奏报了燕山山地在明中后期植被破坏的情况："自边关、雁门、紫荆，历居庸、潮河川、喜逢口至山海关一带，延袤数千里，山势高险，林木茂密，人马不通，实为第二藩篱……永乐、宣德、正统间，边山树木无敢轻易砍伐……自成化年来，在京风俗奢侈，官民之家争起宅第，木值价贵，所以大同宣府规利之徒，官员之家，专贩筏木……纠众入山，将应禁树木，任意砍伐。中间镇守、分守等官……私役官军，入山砍木，其本处取用者，不知其几何，贩运来京者，一年之间，止百十余万……即今伐之，十去其六七，再待数十年，山林必为之一空矣。"[①]明代另一位官员吕坤也记载了人们成群结伙砍伐和焚烧长城沿线森林植被的严重情况："百家成群，千夫为邻，逐之不可，禁之不从。""林区被延烧者一望成灰，砍伐者数里如扫。"[②]

明代京城燃料需用大量柴薪和木炭，又有专门

① ［明］马文升：《为禁伐边山林木以资保障疏》，载于《明经世文编》卷六十三。

② ［明］吕坤：《摘陈边计民艰疏》，载于《明经世文编》卷四百一十六。

供应皇宫的柴薪。明代宫廷用柴炭，初由宣化府十七卫所军士采于边关，后又改于易州开办山场，采办柴炭："永乐中，后军都督府供柴炭，役宣府十七卫所军士采之边关。宣宗初，以边木扼敌骑，且边军不宜他役，诏免其采伐……四年置易州山厂。"①到英宗时，又"命河北民采薪输易州柴厂"②。表明仅靠易州山场的柴薪已不敷用，要河北的其他地区供应柴薪，集中到易州。到景泰元年（1450），因易州山厂"取用已久，材木既尽，乃命移厂于真定府平山、灵寿等处采之"③。到明代后期，宫廷用柴薪数量倍增："……初，岁用薪止二千万斤。弘治中，增至四千万余斤。""正德中，用薪益多。"而且，各级官吏又额外多征以饱私囊："凡收受柴炭，及耗十之三，中官辄私加数倍。""主收者复私加，乃以四万斤为万斤。"④明代在北京周边山地采伐柴薪，对森林植被造成严重破坏。如在宣化府砍伐柴薪，导致这里原先茂密的林木遭到严重破坏，明代丘濬对之深为痛惜：

---

① ［清］张廷玉：《明史·食货六》，北京：中华书局，2016年版，第1994、1995页。

② ［明］谈迁：《国榷》卷二十五《英宗正统七年九月戊寅》。

③ 《明英宗实录》卷一百八十八。

④ ［清］张廷玉：《明史·食货六》，北京：中华书局，2016年版，第1994、1995页。

"今京师切近边塞，所恃以为险固者，内而太行西来一带，重岗连阜，外而浑、蔚等州，高山峻岭，蹊径狭隘，林木茂密，以限虏骑驰突。不知何人始于何时，乃以薪炭之故，营缮之用，伐木取材，折枝为薪，烧柴为炭，致使木植日稀，蹊径日通，险隘日夷。"①明代还在北京城里设木厂和柴厂，贮藏大量木材和柴薪。

明代修建长城及在沿线兴建许多堡寨，对长城沿线森林植被也有很严重的破坏。如乾隆时期《钦定热河志》记载，明代嘉靖时期胡守忠对长城古北口以北燕山山地的森林大肆采伐，使辽代和元代时期的古树被砍伐殆尽："松，宋王曾行程录曰：自过古北口即蕃境，山中长松郁然。《元史》松州在松林南境。《元一统志》曰：大宁路富庶县、龙山龙惠州皆土产松。今近边诸地，经明嘉靖时胡守中斩伐，辽元以来古树略尽。然山中尚多松林，以黄松为贵。又有白松。"②

历史上某些手工业，如炼铁、烧制陶瓷器等，对燃料的需求也很大，常导致其周围柴薪短缺。如明

①　[明]丘濬：《守边议》，载于《明经世文编》卷七十三《丘文庄公集三》。
②　乾隆《钦定热河志》卷九十三《物产二》，文渊阁《四库全书》史部第254册，台北：台湾商务印书馆，1987年影印版，第452、453页。

代遵化铁厂对周围植被的破坏就非常严重："遵化铁厂……正统年间迁今地方白冶庄。彼时林木茂盛……经今建置一百余年，山场树木砍伐尽绝，以致今柴炭价贵。若不设法禁约，十余年后，价增数倍。"①

燕山山地森林植被，在经历明代初期和中期的破坏之后，到了清代初期，又有所恢复。如清初1689年法国神甫张诚（P. Jean-Francois Gerbillon）参加清朝与沙皇俄国签订《尼布楚条约》的划界谈判，在其日记中记载由古北口向北的山地，生长有松柏、橡树等树木。②再如清初高士奇在《松亭行纪》中记载喜逢口以北的燕山山地"出口则叠嶂层崖，山势陡峻，密篠丛枝，攀援无路……""过九狐岭，又越九宫岭……中多枫树及楂、梨、榆、柳，余花新叶，纷映马前……黄土崖一峰……高百余仞。其间多松。""车驾出达希喀布齐尔口……高山峻岭……茂林青榛，参天匝地，猎骑纷驰，穿林带谷。""甲辰，驻跸察汉城南，或云即会州城也。连日行围所历类皆荒山丛林，

① ［明］韩大章：《遵化厂夫料奏》，《明经世文编》补遗卷二《韩奏疏》。
② ［法］张诚著，陈霞飞译，陈泽宪校：《张诚日记》，北京：商务印书馆，1973年版，第1—2页。

人迹罕至之处。"①文中的"出口"即指出喜逢口向北，所记述的山地，皆在燕山山地中。他的记载表明，喜逢口以北的山地，植被为茂密森林，林下灌木以榛为主。

清初燕山山地森林植被的恢复说明一个很重要的问题，就是这一地区自然植被遭到破坏后，只要人类不再破坏，天然森林可以自然恢复。

但从清代中期以后，由于人口的增加，河北、山东和山西有大量人口向长城以外移民，导致燕山山地自然植被又遭破坏。另据笔者调查，在20世纪30年代，还有大量木筏从滦河上游沿河流放下来，表明在20世纪前期，滦河上中游地区的森林还在被大量砍伐。

黄淮海平原周边山地，由于降水较南方少，因此，森林植被一旦遭到破坏，自然恢复能力相对较差，许多山地或呈现光秃裸露景观，或为草地和灌木所取代。但现在这种生态环境退化现象已在一定程度上发生好转。在燕山山地，从承德地区到张家口地区，在塞罕坝精神和成功经验的鼓舞和带动下，人们

---

① ［清］高士奇：《松亭行纪》，文渊阁《四库全书》史部第218册，台北：台湾商务印书馆，1987年影印版，第1140页。

正在大力开展绿化造林，一片片绿树青山正在形成。太行山的绿化造林也正在开展。可以期待，环绕京津冀的燕山和太行山地的绿化造林，将会大大改善京津地区的生态环境。

2. 长江中下游地区

这一地区即秦岭—淮河以南、南岭以北、川东的巴山以东广大地区，今天为北亚热带和中亚热带植被。

根据对上海地区全新世①以来地层孢粉研究得出的植被演替序列，从全新世中期以来，上海地区经历了多次常绿阔叶林和常绿阔叶与落叶阔叶混交林的交替演变。其中距今2900—1800年期间，植被还是中亚热带的常绿阔叶林，栲属、青冈栎为植被主要种类，并杂有樟科、冬青、木荷、枥木等常绿植物，还有落叶阔叶的麻栎、栗、枫香、枫杨、榆，还有针叶树的松、柏、杉，低洼湿地还生长有芦苇、香蒲。在距今1800—1400年期间，植被为落叶阔叶与常绿阔叶混交林，落叶阔叶的麻栎、鹅耳栎、枫香、栗、榆成为林中主要种类，林中仍杂有常绿阔叶的青冈栎、栲、木荷等，针叶树的松、柏、杉也有一定数量，湖沼低洼处仍有芦苇、香蒲，以

---

① 全新世：距今约11500年前，一般分为三个时段，即全新世早、中、晚三个时段，其年代大约为：早全新世距今约11500-9000年；中全新世距今约9000-3000年；晚全新世为约3000年前至今。

及莎草科水生植物生长。①植被虽然是以森林为主，但植被的树木构成发生很大变化。从地带性规律而言，植被的这一变化特点不只是代表长江三角洲地区，也应在一定程度上反映了长江下游以及处在相同纬度的长江中游地区地带性植被变化的特点。

古代文献对长江中下游地区的植被也多有记载。

《禹贡》记载，东南地区的扬州和两湖地区的荆州，竹子遍地成片而茂密，草本植物生长茂盛，树木高大。

《山海经·中山经》中的《中次八经》至《中次十一经》诸山，记载的是长江中下游山地，这些山地中松、柏、竹、梓、楠、构、柞、檀、樟、椿、栎、椒等都有很多。这表明，在历史早期，长江中下游地区植被茂盛，树木以常绿阔叶树为主，还有针叶树和落叶阔叶树。

《墨子·公输》记载楚国之地物产丰富，树木种类繁多，有松、梓、楠、樟等树木，而且这些树木长得高大。

---

① 王开发、张玉兰、黄宣佩等：《上海地区全新世植被演替与古人类活动相互关系研究》，载于《历史地理》第14辑，上海：上海人民出版社，1998年版，第22—32页。

《汉书·地理志》还记载："楚有江汉川泽山林之饶……"其大意是楚地有江汉平原的川泽之丰饶以及周边山地丰富的森林资源。汉代桓宽《盐铁论》的《本议篇》和《通有篇》则赞颂江南的吴越地区多楠树、梓树，竹林分布广泛。

东汉张衡的《南都赋》描写南都南阳（东汉开国皇帝刘秀生于南阳，故以南阳为南都）及其周围地区的植被，有松、柏、枫、桑、楠、棕榈、檀等，盘根错节，高拔挺立，还有茂密的成片竹林。林中有虎、豹、熊等。

晋代左思的《吴都赋》描写吴都周围地区（今南京及其周围地区），枫、樟、棕榈、栎、松、柏、楠、相思等树木生长茂密，竹子茂密一丛丛。

张衡的《南都赋》和左思的《吴都赋》虽然带有浓厚的文学色彩，其中有的树名已不知相当于今何树种，但反映了长江中下游地区天然植被为茂密的森林，其植被构成，"南都"地区有针叶树、落叶阔叶树和常绿阔叶树，而"吴都"地区则以常绿阔叶树为主，尤其樟树处于重要地位。竹林在两个地区都广泛分布。

直到唐代，樟树在江南地区植被构成中仍占有重要地位。如唐代敬括在《豫章赋》中描写："东南一方，淮海维扬，爰有乔木，是名豫章。……倚荆衡，连楚越，回合湘沅之浦，芬敷吴会之阙，黯彭蠡而垂汩……"①其大意是在湖南、湖北，直到太湖流域，樟树分布很普遍。

唐段成式的《酉阳杂俎》卷十八《木篇》亦记载江南地区多樟树："樟木，江东人多取为船。"②此"江东"指皖南和苏南地区。

长江中下游地区，直到清代中期，在湖北省西北部的房县、竹山、竹溪、兴山、保康诸县，还有大片几乎未经人类破坏的天然森林。据清同治《房县志》记载，清朝中期还有面积广大的原始森林，被称为"巴山老林"："房止为鄂省一隅，界与巴蜀、秦陇毗连，万山嵯峨，林深箐密，蔓延几及千里，昔时与二竹、兴、保统谓之巴山老林。"文中的"房"指房县，"二竹"指竹山和竹溪二县。又据《房县志》"物产"所记，木类有松、柏、杉、槐、楸、桐、

① ［唐］敬括：《豫章赋》，载于《御定历代赋汇》卷一百一十七《草本》，文渊阁《四库全书》集部第360册，台北：台湾商务印书馆，1987年影印版，第500页。
② ［唐］段成式撰，方南生点校：《酉阳杂俎》卷十八，北京：中华书局，1981年版，第173页。

榆、柞、枫、白杨、黄杨、红豆木、乌桕、冬青、檀、花梨、铁刚木、青冈木、白蜡木，还有众多的竹类，表明针叶树和落叶阔叶树在植被构成中占有主要地位，还有常绿阔叶树。这里的众多树木种类应代表长江中下游地区原始森林植被的树木构成。位于湖北省西部的神农架，今天仍有面积广大的原始森林，是国家级自然保护区。

长江三角洲地区，虽然很早就被深度开发，但直到清代，一些低山丘陵地区还有着茂密的林木。如光绪《常昭合志稿》："吾邑诸山虽乏层峦叠嶂，而气脉浑厚，故林木亦自翳然。兹记其材之良与花实之佳者。其以材著者曰松、柏、桧、梓、椐、椎、榆、槐、檀、栌（二植皆坚木）、杨、柳、黄杨。其专以叶著者曰桑、椿、黄椎、枫、冬青、棕榈；其专以果著者曰枣、栗、红豆树，邑东芙蓉庄有红豆树，亦名红豆山庄。顾镇芙蓉庄《红豆树歌》有曰：此树移来自海南。植物中非草非木而森然秀山者竹而已矣。吾邑故无巨竹，然其大者径亦可三寸，围近尺，其种曰毛竹、圭竹、篾竹、斑竹、紫竹、燕竹、象牙竹、凤尾竹……"该志的地域大致为今常州市范围。

上述同治《房县志》和光绪《常昭合志稿》所

记，反映了清代两地地带性植被特点，以针叶树和落叶阔叶树为主，并有多种常绿落叶阔叶树和广泛分布的竹林，但楠树、樟树等常绿乔木则不见记载，与古代相比，常绿乔木在植被构成中有所减少。

浙江会稽山地历史上多名山，并有茂密的林木。如南朝宋孔灵符撰《会稽记》："会稽境特多名山，峰嶂隆峻，吐纳云雾，松栝枫柏，擢干竦条，潭壑镜澈，清流泻注。"①据此描述，针叶树在植被构成中似乎占有重要地位。又乾隆时期《绍兴府志》引证《水经注》以及以往方志中有关植被的记述，指出历史上山地植被的变化："《水经注》：剡山临江松岭森森。《嘉泰志》：其为木也最寿，今会稽惟卧龙及戬山绝顶仅有数树，为百年之木。《万历志》：新松最多，无山不植。《名胜志》：萧山北干多松、柏。谢灵运《山居赋》：木则松柏檀栾。《会稽郡记》：会稽境多名山水，峰嶂隆峻，吐纳云雾，松栝枫柏，枝擢干耸。""《十道志》：越城多生豫章树……案，豫章，即樟也，今越城内外尚多。"②这些记载表明，

<hr>

① 刘纬毅：《汉唐方志辑佚》，北京：北京图书馆出版社，1997年版，第182页。

② 《绍兴府志》，乾隆五十七年（1792）刊本，台北：成文出版社，1976年影印版，第458页。

会稽山地的植被构成以松、柏、枫、樟、檀等为主，为针叶树、落叶阔叶树和常绿阔叶树的混交林。

在湖南，《嘉庆重修一统志》对该省许多府的植被有所记载：《衡州府》"山川"："灵山，在衡山县东一百二十里，山多楠木。环秀山，在常宁县北五里，一名樟木岭。栖霞山，在常宁县北二十里，多松柏。"《常德府》"形势"："山林翁郁，湖水浚阔（《武陵集》）。"《永州府》"形势"："南接九嶷，北接衡岳（《旧图经》）。环以群山，延以林麓（唐柳宗元《游宴南池序》）。"这些记载表明，直到清代中期，湖南省许多山地尚有茂密的森林，植被构成既有针叶树，也有常绿阔叶树。其中有的描述，是引自前人之作，如唐代人的描写，可能在一定程度上反映了清代植被特点。

湖南衡山是历史名山，植被一直得到较好的保护，有较多历史文献对其植被有所记述。据对明清文献的综合，其乔木主要有楠、樟、梓、桂、松、檀香、枫香、槠、栗、山矾、棕榈、梧桐、山柘木、柞、漆、乌桕、厚朴、杜仲、松、柏等。常绿阔叶树是植被的主要构成。衡山植被构成可以反映同纬度地区原始自然植被的特点。

位于贵州省东北部的梵净山，是沅江与长江上游支流乌江的分水岭，沅江的几条支流源头，今天仍有面积较大的原始森林。其作为长江中游地区残存的保存较好的一片原始植被，是国家级自然保护区。

在江南的某些地区，有的植物在局部地区形成优势群落。如宋欧阳修的《黄杨树子赋》："夷陵山谷间多黄杨树子，江行过绝险处，时时从舟中望见之，郁郁山际，有可爱之色。都念此树生穷僻，不得依君子封殖备爱贵，而樵夫野老又不知甚惜，作小赋以歌之。"①

历史时期长江中下游地区由于气候条件较好，降水丰沛，原始植被虽遭到破坏，但植被的自然恢复能力很强，现在大部分山地仍有较好的植被覆盖，但一些珍贵树木如楠树、樟树等已甚为少见。还有面积广大的人工林，但人工林大多都为单一树种，如大面积的杉树林、大面积的马尾松林等。这些单一树种的人工林，容易遭受病虫害。

3. 岭南及福建地区

这一地区包括两广、福建、台湾、海南及南海

---

① ［宋］欧阳修：《黄杨树子赋》，《欧阳修全集·居士集》卷十五，北京：北京市中国书店，1986年版，第110页。

诸岛。这一地区是中国气候最温暖、降水最丰沛的地区，自古林木茂盛。如今广西的大部分地区在西汉时被称为郁林郡，因森林茂密而得名。再如《嘉庆重修一统志》《广西统部·泗城府》"形势"："山明水秀，地僻林深。"表明直到清代，泗城府还有面积广大的天然森林。泗城府位于广西最西部，其西南与云南相接。

岭南地区植被构成中，多南亚热带和热带的树木成分，其中尤多珍贵树种，如沉香木、花榈木（又名花梨木、花黎木）、黄杨木等。如《元和郡县图志》卷三十四《岭南道一·增城县》："泉山，在县西三十二里，其上多漆树。"新会县："利山，在县南一百七十里，上多沉香木。"[1]《太平寰宇记》卷一百六十三"新兴县"下记："利山在新会县东一百七里。《南越志》云：此山多沉香木。"据刘纬毅，此《南越志》系南朝宋沈怀远所撰。[2]《嘉庆重修一统志》记载两广一些府的物产，其中肇庆府"土产"："香木，《寰宇记》，新州山多香木，谓之蜜

① ［唐］李吉甫撰，贺次君点校：《元和郡县图志》，北京：中华书局，1983年版，第889、890页。
② 刘纬毅：《汉唐方志辑佚》，北京：北京图书馆出版社，1997年版，第273页。

香；《明统志》，高要出枫香。"琼州府"土产"：
"《明统志》，各州县俱出土苏木、红豆木、黄杨
木。又儋、万、崖三州花黎木，万州出乌木……崖
州、万州及琼山、定安、临高等县出沉香，又出黄连
香等。梧州府"土产"：桄榔木；浔州府"土产"：
铁力木（府境俱有）。"文中的"琼州府"即海南
岛，"儋、万、崖"三州也位于海南岛。

　　清代文献记载台湾亦有许多珍贵树种。据康熙年
间蒋毓英修《台湾府志》"物产"记载："樟；枫，
树如白杨，叶圆而岐，春发秋红，冬落有液而香，谓
之枫香；厚栗，木甚坚硬，可作栋梁，实似栗可食；
黄心，木心黄，故名；百日青，虽枯而色如生，故
名；桐，赤鳞，木色赤，皮如鳞状，故名；乌裁，木
皮乌，故名；象齿，木硬而直，实乌可食。"①康熙年
间高拱乾等修《台湾府志》还记载有楠树。②

　　此外，某些树种在岭南一些地方还成为植被的主要
构成植物。如《太平寰宇记》卷一百六十二"荔浦县"
下记："《荔溪地志》记云，荔溪原多桂，桂所生处不

---

① 　蒋毓英修：《台湾府志》，北京：中华书局，1985年版，第82、83页。
② 　［清］高拱乾等修：《台湾府志》，康熙三十五年（1696），北
京：中华书局，1985年版，第2304页。

生杂木，樵采皆桂。方山对九疑山，高下皆类。"

广西桂林地区，虽然是石灰岩地形，但乔木在天然植被的构成中也居于主要地位。如明代张明凤在《桂胜》卷一中征引许多文人诗文，其中，浚仪人张洵仁的诗："桂林山水冠衡湘，蒙亭正在漓水旁。清流会洞眩波光，高崖古木争苍苍。"江东人尚用之的诗："翠岫俯映青罗光，上有乔木摩穹苍。"三吴人李彦的诗："桂江缭绕通湖湘，佳山四插江之旁。岚光滴翠漾波光，岸头修木皆苍苍。"该书卷二记载："屏风山……又稍东，崖门在焉。其门东响，上高下广，外属平野。野无杂树，弥望皆长松。"又记载七星山之苍翠"如涌松涛"。该书卷三记载"叠彩山"以多产桂树而著称："漓山人曰：叠彩山者，一曰桂山，以山多产桂。……奈何今寥寥也。"卷四"尧山"："山去桂城东北裁十里，积土盘桓亦略带石，长竟数百里……及山道多松，从松间上山，亦有盘石参差横道。"[①]这些描述表明，桂林石灰岩地区的天然植被有以松树为主要构成的乔木林，也有以桂树为主要构成的灌木林。

---

① ［明］张明凤：《桂胜》，文渊阁《四库全书》史部第343册，台北：台湾商务印书馆，1987年影印版，第660、689、690、696页。

福建地区历史上植被茂密，如《汉书·严助传》描写："深林丛竹……林中多蝮蛇猛兽……"某些特殊树木还形成较大面积的纯林，如宋薛士隆《大榕赋》记载福建中部地区的榕树："合江夹经途者，凡十有五里，其为根也，盘桓诘曲。"①宋李纲《榕木赋》亦有类似的描述："闽广之间多榕木，其材大而无用。然枝叶扶疏，蔽阴数亩，清阴，人实赖之。该得不为斧斤之剪伐。"②

岭南的两广和海南岛为南亚热带和热带气候，降水丰沛，全年温暖，福建属于中亚热带气候，降水也非常丰沛，植被的自然恢复能力很强，很多地区的天然植被虽曾被破坏，但能很快恢复。在许多山区，如福建的武夷山、广东省北部的南岭，广西的十万大山、九万大山及广西的西部和西南部，仍保存较大面积的原始天然植被，保存着许多珍稀植物，栖息着多种珍稀野生动物。这些地区的植被，具有极为宝贵的生态价值、经济价值和科学价值，这些地区也已建立

---

① ［宋］薛士隆：《大榕赋》，载于《御定历代赋汇》卷一百一十六《草木》，文渊阁《四库全书》集部第360册，台北：台湾商务印书馆，1987年影印版，第492、493页。
② ［宋］李纲：《榕木赋》，载于《御定历代赋汇》卷一百一十六《草木》，文渊阁《四库全书》集部第360册，台北：台湾商务印书馆，1987年影印版，第493、694页。

许多国家级和省级自然保护区。但在广西的一些石灰岩地区，天然植被一旦被破坏，就很难恢复，形成石漠化。总之，岭南及福建地区今天大部分地区仍保持较好的植被覆盖，历史时期植被的破坏主要是一些珍贵树种被大量砍伐，如沉香木、黄杨木等珍贵树种，今天已极为少见，只是在海南岛、两广和云南的个别自然保护区中还有残存，花榈木今天在两广、云南和福建的多个自然保护区还有分布。

长江流域和岭南及福建地区的大部分山地，今天仍有较好的植被覆盖，土壤侵蚀也很轻，多绿水青山，自然景观多秀美。

4. 云贵川地区

云贵川地区多山地，古代森林植被茂盛，常绿乔木和竹林在植被构成中占有重要地位。

考古发现古代蜀国的多处墓葬为船棺葬。船棺葬是古代蜀国的一种埋葬方式。所谓船棺葬，就是将整根楠木劈成两半，中间掏空，将死者放进去之后又将楠木合起来。2001年，在成都商业街发现的战国时期蜀国船棺葬遗址，笔者当时曾到发掘现场参观。这里共有8个船棺，每个船棺都用长达8米的楠木。其中一个船棺，为直径达1.5米的粗大楠木剖挖而成。楠木可能产于成都西面的川西山地。

《汉书·地理志》记载："巴、蜀、广汉本南夷……有江水沃野，山林竹木蔬食果实之饶。"

汉代扬雄的《蜀都赋》中描写成都平原及周围低山丘陵植被茂密，树木种类众多，"丛俊干凑""野望茫茫菲菲"，竹子"俊茂丰芃""夹江缘山"，"若此者方乎数十百里"。[①]

汉代桓宽《盐铁论·本议篇》中称颂："陇、蜀之丹漆。"又在《通有篇》称颂："蜀、汉之材，伐木而树谷，燔莱而播粟，火耕而水耨，地广而饶材。""蜀陇有名材之林。"

晋代左思的《蜀都赋》中描写蜀地："邛竹缘岭""其木则有木兰梫桂杞檽椅桐楩枏楔枞樃拼……幽蔼于谷底"。松柏"翁郁于山峰"。左思的记载表明，针叶树主要分布在山体的顶部，而山谷和山坡及山前地区的树木则主要为常绿阔叶树，反映植被存在垂直变化。

晋常璩《华阳国志·蜀志》："其山林泽鱼园囿果瓜，靡不有焉。"该文中又提到李冰兴建水利工程利用岷山上的材木："岷山多梓柏大竹，颓随水流，坐致材木，功省用饶。""始皇克定六国，辄徙豪侠于蜀，资我丰土，家有盐铜之利，户专山川之材，居给人足。"该书《南中志》："晋宁郡，本益州也。""郡土大平敞，原田多长松。"①益州，指以昆明为中心的云南中部地区。

唐《元和郡县图志》卷三十《江南道六》记载，南州南川县"萝缘山"，"在县南十二里，一山多楠木，堪为大船"。南川，即今重庆东南的南川县；该书卷三十二《剑南道中》记载眉州洪雅县："可暮山，在县西北三十九里，山多材木，公私资之。"茂州汶川县："湿坂，在县南百三十七里，岭上树木森沉，常有水滴，未尝暂燥，故曰湿坂。"位于四川南部的曲州溺水地区有大片原始森林："溺水，在七曲水北一百三十里。南北四百里，东西七百里，穷年密雾，未尝睹日月辉光，树木皆衣毛深厚，时时多水湿，昼夜沾洒。上无飞鸟，下绝走兽，唯夏月颇有蝮蛇，土人呼为漏天

---

① ［晋］常璩撰，刘琳校注：《华阳国志校注》，成都：巴蜀书社，1984年版，第176、202页。

也。"这是一片面积广大的原始森林。

直到清代，四川省许多地区还保存有较大面积的天然森林。《嘉庆重修一统志》记载四川泸州直隶州土产楠木。民国《巴县志》"物产"："松，县西南诸山多有之，苍翠成林，弥望无际，有赤松、白松、马尾、凤尾诸名，大任栋梁，小供薪之用。"

《嘉庆重修一统志》记载贵州省许多地区有茂密森林。如贵州贵阳府"形势"："山广箐深，重岗叠砦（《明统志》）。"石阡府"形势"："林峦环抱，水石清幽。"铜仁府"土产"："箭竹（府境及各司出）、楠木、黄杨木、杉木。"兴义府"形势"："云贵川广之交，山明水秀，地僻林深（《明统志》）。"遵义府"形势"："重山复岭，陡涧深林（《元史·陈天祥传》）。"又在"山川"一节中记载："松山，在正安州南，有二，山皆多松树。"又在"土产"一节中记载："楠木、杉木（《明统志》，《司产》）。"这些记载中虽有多处引《大明一统志》，但至少反映了明代植被的情况。

《嘉庆重修一统志》云南统部诸府在"山川"和"形势"等节中对植被多有描写。如大理府"山川"："点苍山，《通志》，一名灵鹫山，林阻谷奥。"广南府"形势"："崇崖巨壑，峻坂深林（府志）。"武定直隶州"土产"："梭罗木（州境出）。"丽江府"山川"："月山，在鹤庆州东南二十里，又十里为龙华山，林壑深秀。"广南府主要包括今云南省东南的广南和富宁二县，武定直隶州包括今元谋、禄劝二县。

上述记载表明，云贵川地区直到清代中期，原始天然森林植被分布面积还很广，植被构成有针叶树、落叶阔叶树和常绿阔叶树，多珍贵树种，竹林分布面积也很广。

5. 东北地区

东北地区曾有面积广大的森林，也有草原，东部和西部存在地带性变化。

全新世中期的历史早期，东北地区东部和西部植被存在差异，西部靠近西辽河冲积平原的地区为沙质草原，东部和中部为森林。进入全新世晚期，随着全球气候变化和草原带向南和向东推移，西部地区更趋干旱化，东部和西部地区的差异明显。明代人已指出东北地区植被东西方向的差异。如《全辽志·方物志》中记载开原、铁岭的辽河以西地区为蒙古人游牧地区："其地不毛，无所产，惟皮张鱼鲜而已。"在该《全辽志》收录的张升《医巫闾山赋》："医巫闾之为山，独岿然于沙窦，左环巨浸，右瞰长城，北断辽海，南抱神京。"[①]医巫闾山为辽西山地。"沙窦"指西辽河流域的科尔沁沙地，表明东北地区西部的西辽河流域已是一片植被稀少的沙地。该志还收录李善《奏复辽东边事疏》，指出开原以西以北的景观："自广宁抵开原三百余里，先年烧荒，东西兵马会合棋盘山……且沿边地多平漫，土脉碱卤……"广宁即今辽宁北镇，棋盘山位于开原与北镇之间。此记载表明，自北镇至开原之间，以及开原以西地区为草原景观。

但东北地区无论西部还是东部的山地，植被皆为森林。如《全辽志·山川志》记载："按辽境内山，以医巫闾为灵秀之最，而千山次之，最东则为东山，层峦迭嶂，盘亘七八百里，材木铁冶，羽毛皮革之利不可胜穷。"又在卷一《广宁前屯卫》记述"万松山"："城西北一十五里，东西四百余里，连山海、永平界，山多松，故名。"广宁前屯卫以"松山"命名的山很多。广宁前屯卫即今位于沈阳和锦州之间的

① ［明］李辅等修：《全辽志》，《辽海丛书》本，沈阳：辽沈书社，1985年影印版，第680页。

北镇；万松山及广宁前屯卫的其他诸山，都是医巫闾山的一部分；"永平"指永平府，范围包括今河北省秦皇岛市、卢龙县、抚宁县、迁安县、乐亭县、青龙县等。但广宁前屯卫境内的医巫闾山似乎针叶树在植被构成中所占比例更高。该志又在《方物志》中记载"山之东南者宜材木"。此"山之东南者"是指辽宁东部山地。该志又在《外志》一节中记载抚顺东一百里直至长白山地区为女真人居住地区，为一片"深山稠林"；由开原东一百八十里向东的黑水靺鞨居住地区，也为一片山林；女真居住的松花江和黑龙江流域则为"山林江河"景观。这些地区现已是吉林和黑龙江二省的东部。

清代康熙《全辽备考》卷下还记载："桦木遍山皆是，类白杨。""山多栎柞椵。"[1]表明桦树、白杨，以及栎树、柞树和椵树等落叶阔叶树在东北地区植被构成中占主要地位。

吉林和黑龙江二省东部的森林在历史上有特别的称谓，称为"窝稽"或"兀集"。"窝稽"或"兀集"是满语的汉语译音。如《全辽备考》卷上："平

---

① ［清］林佶：《全辽备考》卷上，《辽海丛书》本，沈阳：辽沈书社，1985年影印版，第233、2236页。

地有树木者曰林，山间多树木者曰窝稽，亦曰阿机，《盛京志》作窝集，《实录》作兀集，《秋笳集》作乌稽，如那木窝稽、色出窝稽、溯尔贺绰窝稽之类。""自船厂至墨尔根设二十站，由席百部中行皆沙漠，无山水。自墨尔根至爱浑设六站，是由索伦部中行，窝稽居多矣。虎儿哈河即镜泊湖下流，金呼里改江也，阔二十丈，源出色出窝稽。""自混同江至宁古塔，窝稽凡二，曰那木窝稽，曰色出窝稽。那木窝稽四十里，色出窝稽六十里，各有岭界。其中万木参天，排比联络，间不容尺。近有好事者，伐山通道，乃漏天一线，而树根盘错，乱石坑牙，秋冬则冰雪凝结，不受马蹄；春夏，高处泥淖数尺，低处汇为波涛，或数日或数十日不得达。"船厂即今吉林市，墨尔根即今嫩江县城，"席百部"即锡伯族居住地，虎儿哈河即牡丹江，混同江即松花江，宁古塔位于今牡丹江市南面的宁安县城。这一记载表明，在牡丹江流域，有若干片窝稽，树木茂密，遮天蔽日，低地在春夏则为一片泥泞的沼泽。在大兴安岭东南部和吉林省西部及黑龙江省西南部的锡伯族居住地区，则为一片沙地。

《黑龙江外记》①对窝集也有详细描述。卷一："窝集、山中林木蓊蔚，水泽沮洳之区，号窝集。黑龙江境内著名窝集四，曰巴延窝集、库穆尔窝集、巴兰窝集、吞窝集。见《幕府图籍》，而《盛京通志》不载。然通志称，宁古塔城东北六百五十里，混同江北，有巴兰窝集，稍东百余里，有吞窝集。"卷二："黑龙江则深山密薮，寂无人踪也。""平地多榆，近水多柳，榆无合抱者，柳捷丛生，烧之恋火，故条子价倍杂草。条子，土人谓柳也。山谷多桦木……松有果松、杉松、油松数种。柞木亦名凿子木，取枯心以引石火，谓之木火茸，亦充贡。栎亦柞类，结实名橡子，壳曰橡。"这里"窝集"是指茂密的森林和"水泽沮洳"构成的复合景观，更真实地反映这里的原始景观特点。《黑龙江外记》还指出《幕府图籍》和《盛京通志》所记述的各个窝集的位置和范围有所不同，可能是由于那时吉林和黑龙江二省东部地区森林连绵，难以区分各窝集的具体范围。这些窝集主要分布在黑龙江省东部牡丹江流域和三江平原地区。

关于窝集的特点和分布，乾隆皇帝的诗文有很好

---

① ［清］西清：《黑龙江外记》，上海：商务印书馆，1936年版，第40页。

的描写，他的诗文收在《吉林外记》①卷一中。其《驻跸库勒讷窝集口占》诗："窝集夫何许，遥瞻已不凡。真堪称树海，乍可悟华严。……"其《松子》一文写道："（松子）诸山皆产，而辽东所产更胜。盖林多千年之松，高率数百尺，枝干既茂，故结实大而芬芳。亦足征地气滋培之厚也。"《吉林外记》卷二《疆域形胜》对吉林东部的原始森林亦有详细记述："吉林乌拉……其境，南至讷秦窝集七百三十里，至长白山一千三百里，东至都岭河、宁古塔……""额穆赫索罗，旧窝集部地也。以额穆和湖得名。索罗，国语枣也。""塞齐窝集穆鲁，在城东二百九十里，俗称张广才岭。国语塞齐，开辟也；窝集，密林也；穆鲁，山梁也。昔有民人张广才，在此开设旅店，行者遂以名岭。……自岭西至岭东八十里，丛林密树，南接英额岭，北通三姓诸山，东西石路崎岖，仅容一车。东出密林，至额穆赫索罗四十八里。"文中"城东"指吉林城东。该书卷八"平地多榆，近水多柳、榆，无合抱者……山谷多桦木……松有果松、杉松、油松数种。柞木亦名凿子木……栎亦柞类，结实名橡

① ［清］萨英额撰：《吉林外记》，上海：商务印书馆，1939年版，第16、19页。

子。"这些记载表明，吉林城以东，到长白山，包括张广才岭，皆为茂密的原始森林。

黑龙江省西部和北部的大、小兴安岭及其之间的嫩江流域，直到民国初年，还有面积广大的茂密原始森林，见于民国初年《布特哈志略》"自序"。"布特哈"的地域范围大致包括今内蒙古自治区呼伦贝尔市东部的莫力达瓦达斡尔族自治旗和鄂伦春自治旗部分。

第三章 北部和西部草原、荒漠区
生态环境的变化

位于塔克拉玛干沙漠南缘的民丰县城所在绿洲，绿洲的西北缘正受到流沙的进逼，流沙已经将很多树木的树干埋掉，只露出树冠。（1992年8月摄）

我国北部和西北地区属于草原带和荒漠带的地域范围辽阔。这一地区的生态环境具有多样性，历史时期经历了复杂的变化。

一、草原带生态环境的变化——局部生态环境的退化

草原带东起呼伦贝尔草原和西辽河流域，西至鄂尔多斯市的西部和河套西部的巴彦淖尔市。历史上草原带是游牧民族驰骋的原野。历史时期草原带生态环境的变化既受气候变化的影响，也与人类活动有关。

近3000年以来的全新世晚期，全球气候变冷，草原带的东界和西界都向东移动。由于草原带处于夏季风的末梢，而夏季风的强度年际变化很大，导致草原带降水量年际变化很大，草原带植被相应发生变化，甚至导致生活在草原带的游牧民族被迫迁徙，寻找更好的草场。而草原带南部和东南部，毗邻我国传统农业区，历史上传统农业区多次向这里扩展，这一地区又被称为农牧交错带。气候变化和农业开垦双重因素影响，导致历史时期农牧交错带生态环境变化尤为显著。这一情况，在毛乌素沙地、库布齐沙带和西辽河

流域表现较为突出。

1. 毛乌素沙地生态环境的退化与沙漠化及库布齐沙带的扩大

毛乌素沙地位于陕北榆林地区北部和内蒙古鄂尔多斯市南部。鄂尔多斯高原自北向南倾斜。毛乌素沙地所在为鄂尔多斯高原地势最低地区。这里地形为梁地和滩地相间分布。梁地和滩地大致呈西北—东南走向。在乌审旗政府所在地达布察克镇以南的毛乌素沙地南部，则以滩地为主。毛乌素沙地中，有许多湖泊，其中较大的有乌审旗北面的浩通音查干淖尔、巴嘎淖尔、木都图查干淖尔，榆林市神木县北面有红碱淖尔等。在这些湖泊周围，有古代湖泊沉积的痕迹，表明这些湖泊在远古时期的面积远比今天大。有若干条河流，在滩地中自西北向东南流，如乌审旗南面的纳林河和海流图河。这些河流的上游，有很长的古河道痕迹，表明这些河流在历史时期水量减少，河流长度缩短。

梁地和滩地构成毛乌素沙地的下覆地形。在此下覆地形之上，有很大的面积为固定、半固定和流动沙丘所覆盖。由于降水量东部和西部存在很大差异，毛乌素沙地年平均降水量，自东南部的600—500毫米向西北部减少为300—200毫米，平均为400毫米。降水量年际波动很大。在未被各种沙丘覆盖的梁地，地带性植被东南部为草原，西北部为荒漠草原；未被沙丘覆盖的滩地，植被则为草甸，包括草原化草甸和盐化草甸等。滩地植被覆盖度较高，是良好的牧场。但过度放牧也会导致草原退化，如1964年笔者在乌审旗调查，在过度放牧地区，一些适口性牧草大为减少，而醉马草、狼毒、苦豆子等不良和有毒植物数量明显增加，甚至出现沙化。固定沙丘和半固定沙丘上生长的植物主要为沙蒿、沙柳等草本和灌木植物，形成毛乌素沙地的沙子主要来源于当地。构成梁地的物质为胶结且并不坚实的白垩系砂岩，极易风化，是该片沙地的沙源。毛乌素沙地南部的红柳河（无定河上游）流域，还有厚层第四纪沉积沙层。此外，冬春季来自西伯利亚的强劲西北风从北方吹来沙粒，也是该沙地沙子的重要来源。早在第四世纪更新世时期，毛乌素沙地就已是一片沙漠。进入全新世时期，全球气候变暖，黄河流域降水增多，毛乌素沙地大部分流动沙丘已被固定。

历史记录表明，古代毛乌素沙地的生态环境远比今天好得多。最早有关毛乌素沙地生态环境记载的在公元5世纪初。当时游牧于鄂尔多斯高原的匈奴人后裔赫连勃勃在这里兴起，建立了一个政权，自称"大夏"，史称赫连夏。赫连勃勃在今靖边县北部的红柳河（无定河上游，古称奢延水，又称朔方水）北岸兴建都城，称为统万城，"发岭北夷夏十万人，于朔方水北、黑水之南营起都城"。（《晋书·载记·赫连勃勃传》）统万城的兴废，反映了毛乌素沙地的沙漠化过程。赫连勃勃之所以选择在这里建都城，是因为他认为这里生态环境好。据唐李吉甫《元和郡县图志》卷四《关内道·夏州》转引《十六国春秋》："赫连勃勃北游契吴，叹曰：美哉！临广泽而带清流。吾行地多矣，自马岭以北，大河以南，未之有也！"文中的契吴，为今乌审旗政府所在地达布察克镇西南10多千米的残丘；广泽和清流，可能位于该丘附近，今天在乌审旗政府所在地达布察克镇南面的海流图河和纳林河二河上游，有面积广大的滩地，特别是纳林河上游的滩地，面积很大，今称陶利滩，是一片水草丰美的芨芨草滩地（图3-1）。这些滩地在古代应有湖沼和草被茂盛的草场；马岭，位于庆阳境内的山地；大河，为河套地区的黄河。赫连勃勃走遍了鄂尔多斯和陕北，认为统万城所

图3-1 废弃在毛乌素沙地中的统万城遗址，位于陕北靖边县
红柳河（古代的奢延水）北侧。南北朝时期匈奴后裔赫连勃勃
所建。这里在古代曾经是鄂尔多斯高原的政治中心。古代周围
生态环境为一片草原景观，今天周围已经沙漠化。今天遗址周
围已经有很好的植被覆盖，特别是南面已生长着很多杨树
（2000年6月摄）

在地区生态环境最好。后来，北魏郦道元在公元6世纪
初成书的《水经注》卷三中，记载统万城东面有温泉
水、黑水和交兰水先后注入奢延水（红柳河）："奢延
水又东北，与温泉水合，源出西北沙溪……奢延水又
东，黑水注焉。水出奢延县黑涧，东南历沙陵，注奢
延水。奢延水又东合交兰水，水出龟兹县交兰谷，东

南流，注奢延水。"①其中的温泉水，今天已很少有水。而黑水一名，意味着流域植被覆盖较好，土壤中腐殖质含量较高，故河水呈黑色，如今天的黑龙江。又据《新唐书·地理志》夏州条下记载："贞元七年（791）开延化渠，引乌水入库狄泽，溉田二百顷。"乌水即黑水。可见，直到唐代，位于统万城东面的黑水，水量仍很大。而今天，该河称纳林河，纳林为蒙语，为细小或窄小之意。从黑水到纳林河这一名称的变化，反映了该河水量的减少。总之，温泉水和黑水的变化，明确表明这里古今生态环境有很大变化。至于《水经注》中记载的"交兰水"，今称海流图河。"交兰"是什么意思，今已不可考，但海流图则有榆树的意思。纳林和海流图二河名，为明末进入鄂尔多斯高原的蒙古族所取的地名，表明在明末蒙古族进入该地区时，海流图河流域还有榆树生长。特别是在纳林河和海流图河的上端，有很长的古河道痕迹。所有这些事实表明，古代生态环境比今天好。河水水量的减少，应与气候变化有关。关于《水经注》中此段文字，许多研究者有不同理解。限于篇幅，此处不作阐述。

---

① ［北魏］郦道元注，杨守敬、熊会贞疏，段熙仲点校，陈桥驿复校：《水经注疏》，南京：江苏古籍出版社，1989年版，第259页。

　　赫连氏政权后来被北魏消灭。北魏时期，包括毛乌素沙地在内的鄂尔多斯高原，是北魏政权的牧马基地，"世祖之平统万，定秦陇，以河西水草善，乃以为牧地。畜产滋息，马至二百余万匹，橐（tuó）驼将半之，牛羊无数"（《魏书·食货志》）。文中的"河西"是指包括毛乌素沙地在内的鄂尔多斯高原。那时在这里能牧养如此多的马匹和骆驼及大量牛羊，可见生态环境很好，是水草丰美的草原。那时的毛乌素沙地，流动沙丘面积应比今天小。

　　历史时期毛乌素沙地沙漠面积的扩大，主要是因为固定沙地变为流动沙丘。其沙漠化原因，既有自然的也有人为的。自然原因即气候变化。自历史早期以来，黄河流域的气候，总的趋势是趋于干旱化，降水减少，再叠加上人类活动，加剧了沙漠化进程。自匈奴人后裔赫连勃勃在红柳河之畔兴建统万城，在此集聚了大量人口，无疑会对这里的生态环境有很大破坏。此后，北魏时期在此设夏州，把这里作为其主要的马匹供应基地，毛乌素沙地地区的滩地，是很好的牧场，北魏时期的过度放牧，也是导致这里沙漠化的一个因素。北魏末年，毛乌素沙地就有了"沙塞"之称，见于《周书·文帝纪》魏永熙二年宇文泰对贺拔岳论及鄂尔多斯高原的军事形势，言及若能控制夏州和灵州，则"西辑氐羌，北抚沙塞……"，必能成就匡复北魏的大业。此段文字中的"沙塞"，有的研究者认为是指毛乌素沙地，有的研究者认为是指库布齐沙带。实际上，此处的"沙塞"，应是广义和泛指，既包括毛乌素沙地，也包括库布齐沙带。"沙塞"一称的出现，表明毛乌素沙地流沙面积的扩大。此后，隋代和唐代也都在毛乌素沙地南部设夏州，并有农业人口在此耕种，进一步加剧了这里生态环境的破坏。由于这里的地面物质为第四纪沉积的厚层沙层，一旦地表自然生长的草原植被遭破坏，沙层就很容易被经常出现的大风吹扬起来形成流沙。唐代后期，一些诗文将这里描述为一片沙漠景观，与赫连勃勃眼中的环境迥然不同。唐代后期，陕北的榆林地区已基本为游牧的党项民族的游牧之地，农业民族从这里退出，表明生态环境恶化。另据《旧唐书·五行志》记载，长庆二年（822）十月，夏州大风，"飞沙高及城堞"。到了宋代，有关文献也将毛乌素沙地描写为一片不毛的沙漠。宋代淳化五年（994），夏州因"深陷沙漠中"而被宋朝政权放弃。从此，统万城就成为一座废墟，被废弃在毛乌素沙地之中。

自宋代以后，直到清代初期，毛乌素沙地和鄂尔多斯高原长期为游牧民族的游牧之地，生态环境有一定恢复。但明代修筑长城，为了防止游牧民族的侵扰，守护长城的明朝士兵每年要到长城之外焚烧草地，进行"烧荒"，使游牧民族的战马在此无草可食，将原先草木茂盛的鄂尔多斯高原天然草原植被烧尽，"河套之中，地方千里，草木茂盛，禽兽繁多，北有黄河，南近我边……但野草烧燎已尽，马无所食，不能久居，随复出套。所以套中十数年余，久无边患"①。其结果，对毛乌素沙地及鄂尔多斯地区的生态环境无疑会有很大破坏。文中的"河套"和"套中"，都是指鄂尔多斯高原。

另外，明代在长城沿线修建堡寨，聚集了大量人口在这里进行屯垦，对长城沿线的生态环境也有很大破坏。

到清代初期，长城外的毛乌素沙地和整个鄂尔多斯地区生态环境有所恢复，土壤中腐殖质含量增高，于是，从康熙时期起，就有长城内的农民出长城进行垦种，使毛乌素沙地出现新一轮沙漠化。

---

① ［明］马文升：《为驱虏寇出套以防后患疏》，《明经世文编》卷六十三《马端肃公奏疏三》。

库布齐沙带西起内蒙古鄂尔多斯市杭锦旗西面的黄河东侧，沿黄河南侧向东延伸至达拉特旗和准噶尔旗，东西长达400千米，南北最宽处约50千米，西部宽，东部窄。其最宽处位于杭锦旗西面的黄河东侧。该沙带位于鄂尔多斯高原高脊的北侧和黄河南侧的一级、二级阶地上。其东部属草原带，西部属荒漠草原带。

　　有关库布齐沙带的记载最早见于文献的是晋代郭义恭的《广志》，其中记载"朔方郡北移沙七所"（郦道元《水经注》卷三转引）。朔方郡为西汉所设，郡治位于今乌拉特前旗境黄河以南。此记载表明，早在晋代（公元3世纪）以前，在黄河南岸就已有7处不连续的流动沙丘，这7处流动沙丘位于库布齐沙带中东部，很可能是西汉时期设立朔方郡向这里移民开垦形成的就地起沙。而到了北魏郦道元时代，据他所记："余按，南河、北河及安阳县以南，悉沙阜耳。"其中南河，大致相当于今河套地区黄河位置，北河大致相当于今河套地区乌加河，表明到郦道元完成其撰注《水经注》的公元6世纪初以前，库布齐沙带中东部，已是一片连续的沙带。

　　有关库布齐沙带西部的记载，最早见于北魏时期镇守薄骨律镇（大致位于今宁夏灵武）的将领刁雍的报告。刁雍在银川平原兴修水利，灌溉四万余顷，获大丰收，后奉北魏朝廷之命，要将这里的粮食运送到位于河套地区的沃野镇（位于今乌拉特前旗境），以支援那里的北魏驻军。原计划用车运，但要经过流沙地带，车行艰难，为此，刁雍于太平真君七年（446）提出不用车运，改为经由黄河水运的建议："臣镇去沃野八百里，道多深沙，轻车来往，犹以为艰，设令载谷，不过二十石，每涉深沙，必致滞陷……"（《魏书·刁雍传》）此段文字表明，从薄古律镇（今灵武）到沃野镇，若走陆路要经过不止一处流沙地。所要经过的这些沙地都位于哪里呢？从北魏的薄骨律镇到沃野镇必定是走捷径，其路径应沿宁夏黄河东侧及库布齐沙带西部，因此，此段文字表明，早在公元5世纪初，鄂尔多斯高原西部已有多处沙地。这些沙地，即今天库布齐沙带西部所在位置。

库布齐沙带在唐德宗贞元年间（785—805）宰相贾耽所记《从边州入四夷之路》（附于《新唐书·地理志七》）中有所记载。该记载称库布齐沙带为库结沙。这条通道从夏州（统万城）经今乌审旗政府所在地向北，经今杭锦旗政府所在地，再经一沙带，即库结沙，又经汉代朔方郡治所在十页故城，到达唐朝在黄河南岸军事重镇宁远镇以及位于河套地区乌梁素海的大同镇。据该记载，汉代朔方郡治所在的十赉故城，到唐代后期，并未在沙漠中，距库结沙约有30千米之远，而今天该古城遗址已在库布齐沙漠之中，说明从唐代以后，库布齐沙带向北大面积扩展。这可能是唐代，特别是清代农业民族向河套地区移民开垦，导致植被和土层结构被破坏，被来自西伯利亚的强风将沙土吹扬造成的。

2. 西辽河流域生态环境的退化与沙漠化

西辽河流域主要为西拉木伦河和老哈河两条河流冲积而成的平原及周围山地，地跨今内蒙古赤峰市和通辽市。构成平原的物质主要为第四纪沉积的厚层沙层。今天平原的很大部分地区为科尔沁沙地所占据。平原北面为大兴安岭的西南端余脉，平原南面为辽西山地。在平原南部的山前地带，有黄土台地和二级阶地。

西辽河冲积平原曾是契丹人的发祥地。有关契丹和辽代的文献，都把契丹人居住地的西辽河冲积平原称为"辽泽"。如《旧五代史·契丹传》记载："契丹者，古匈奴之种也。代居辽泽之中，潢水南岸。"《五代会要·契丹传》记载："契丹，本鲜卑之种也，居辽泽之中，横水之南……山川东西三千里，地多松柳，泽饶苇蒲。"文中的潢水、横水，都是指西拉木伦河。《辽史·地理志》记载："辽国其先曰契丹，本鲜卑之地，居辽泽中。……高原多榆柳，下隰饶蒲苇。"

辽代在西辽河冲积平原上设立四个行政州：永州、龙化州、丰州和松山州。永州位于西拉木伦河与老哈河汇合处，龙化州位于今乃曼旗东北部，此二州位于西辽河冲积平原中部。龙化州是契丹族始祖辽太祖耶律阿保机居住之地，他在此建"东楼"，作为其政治中心之一。永州则是辽代帝王冬季驻营之地。辽代帝王一年四季有四处主要驻营之地。其四季在各地的驻营称为"捺钵"，所谓捺钵，即君臣会聚商议国事和打猎习武之地。永州是其冬捺钵之地。丰州位于今翁牛特旗政府所在地乌丹镇，松山州位于今巴林左旗南面西拉木伦河之北。据《辽史·地理志》记载，丰州和松山州都是辽代居统治地位的大部落游牧之地："丰州，本辽泽大部落遥辇氏僧隐牧地。""松山州，本辽泽大部落横帐普古王牧地。"文中的"遥辇氏"和"横帐普古王"，都是契丹族居统治地位的大部落，他们各有五百户。作为契丹族居统治地位的大部落，他们所占据的地方，应是西辽河流域最好的牧场，不会像今天科尔沁沙地的一片沙漠景观。

西辽河冲积平原被称为"辽泽"，其生态环境，据前引《五代会要》和《辽史·地理志》，有生长松树、榆树和柳树的相对高起的"高原"。这里所谓的"高原"，是指地势相对较高的河间地，包括西拉木伦河、老哈河、教来河和盖克河等诸多河流在冲积平原上的河间地。另外，"高原"可能还包括西辽河冲积平原周边的阶地和台地。西辽河冲积平原周边有二级阶地，在阶地之上，还有沿山前地带分布的黄土台地。

除了"高原"，西辽河冲积平原还有面积广大的下湿地。"下隰饶蒲苇"，芦苇和蒲草生长在沼泽和浅水湖泊中，所以这里的下湿地，包括草甸、沼泽和浅水湖泊。西辽河冲积平原还有大片低地，包括滨河和滨湖低地，还有废河道洼地。在西辽河冲积平原上废河道洼地很多。卫星图像上清楚地显示，在西辽河冲积平原上有10多条古河道痕迹，呈近似平行的东西向延伸。这些低地和洼地，应相当于《辽史·地理志》所说的"下隰"地。今天我国东北和内蒙古地区则用"甸子地"来统称这些低地和洼地。今天这里的甸子地仍有很大面积，据调查，甸子地占科尔沁沙地面积达20%—30%。辽代时期西辽河冲积平原的甸子地所占面积应大大高出这一比例。

"辽泽"还包括很多湖泊。辽代在西拉木伦河与老哈河会流处，有广平淀。辽代帝王冬季在广平淀驻营，射鹅捕鱼。据《辽史·营卫志》记载，"冬捺钵，曰广平淀。在永州东南三十里，本名白马淀，东西二十余里，南北十余里。地甚坦夷，四望皆沙碛，木多榆柳。其地饶沙，冬月稍暖，牙多于此坐冬，与北南大臣会议国事，时出校猎讲武，兼受南宋及诸礼贡。"又据《辽史·地理志》"永州"条记载："永州……东潢河，南土河，二水合流，故号永州。冬月，牙帐多驻此，谓之冬捺钵。……又有高淀山、柳林淀，亦曰白马淀。"可见，在西拉木伦河与老哈河会流处，除了有面积很大的广平淀，还有柳林淀，说明这里的湖泊应当很多，广平淀的面积应当很大。辽代时期西辽河冲积平原上还有一个名为"长泊"的湖泊。据北宋人曾公亮撰写的《武经总要·北蕃地理志》记载："长泊，周围二百里，泊多野鹅鸭，戎主射猎之所。"显然这是一个很大的湖泊。长泊大致位于西辽河冲积平原的南缘，可能是一个废弃的古河道积水而成。卫星图像显示，今天西辽河冲积平原上还有若干个小湖泊，呈线状分布，显然是由古河道积水而成。今天西辽河冲积平原还保留有很多湖泊。如赤峰市域就有大小湖泊100多个，其中面积在67公顷以上的就有20多个，它们大部分位于西辽河冲积平原上。

综合上述，辽代西辽河冲积平原为由生长松树、榆树和柳树的"高原"、生长芦苇和蒲草的"下隰"地、甸子地和湖泊等生态类型，形成其生态环境的基本特点。

另外，古土壤情况，亦反映辽代西辽河冲积平原生态环境特点。考古研究表明，西辽河冲积平原上许多辽代遗址是位于黑色或黑灰色土层、沙土层之上，如科尔沁左翼后旗呼斯淖辽墓[①]、通辽二村场辽墓[②]、通辽市几座契丹墓，以及其他许多辽代遗址。黑土、黑色土或黑沙土反映了植被覆盖较好，是以草本植物为主的草甸草原在土壤中留下丰富的腐殖质，使土壤呈黑色或黑灰色。这种生态环境，应是生长茂密草本植物的固定沙地，而不是像今天科尔沁沙地那样有大片流动沙丘的沙漠景观。

---

① 张柏忠：《科左后旗呼斯淖契丹墓》，《文物》，1983年第9期，第18—22页。
② 张柏忠：《内蒙古通辽二村场辽墓》，《文物》，1985年第3期，第56—62页。

有关契丹人生活环境的文学作品也反映了西辽河冲积平原的草原生态特点。如《全辽文》卷十二《契丹风土歌》生动地描写了契丹人生存的环境特点："契丹家住云沙中，耷车如水马若龙。春来草色一万里，芍药牡丹相间红。大胡牵车小胡舞，弹胡琵琶调胡女。一春浪荡不归家，自有穹庐障风雨。平沙软草天鹅肥，胡儿千骑晓大围。"①诗歌中的"平沙""软草"反映了西辽河冲积平原为平坦的沙质地面，但并不是流动沙丘；"春来草色一万里"，反映了这里坦荡的草原景观。

然而，在11世纪后期以后有关西辽河流域的文献中，频频出现沙丘、沙陀的记载。最早记载西辽河冲积平原上的沙丘为北宋宋绶的《使辽行记》，他于北宋天禧五年（1021）使辽，记载辽主冬季驻营之地"聚沙成堆"："（自中京向北）……七十里至香山子馆，前倚土山，依小河，其东北三十里即长泊也。涉沙碛，过白马淀，九十里至水泊馆。过土河，亦云撞撞水，聚沙成堆，少人烟，多林木，其河边平处，

① ［宋］姜夔：《白石道人诗集》卷二，文渊阁《四库全书》集部第114册，台北：台湾商务印书馆，1987年影印版，第73、74页。

国主曾于此过冬。"①中京即辽中京，位于今内蒙古赤峰市宁城县，长泊即前引《武经总要·北蕃地理志》中的"周围二百里"的长泊。其"聚沙成堆"之处，当为前文所说的广平淀。这与前引《辽史·营卫志》所描述的广平淀"地甚坦夷"的景观形成鲜明对照，表明环境有明显变化。尽管《辽史·营卫志》也描述"四望皆沙碛"和"其地饶沙"，但"地甚坦夷"一语充分表明此地还没有形成沙丘，而是平坦沙地。

在宋绶之后，北宋陈襄于治平四年（1067）使辽，经丰州（今赤峰市翁牛特旗政府所在地乌丹镇）向东北到辽上京（今巴林左旗首府林东镇），在其撰写的《使辽语录》中，记载了自丰州向东北到西拉木伦河之间的一段约六十里路程的沙陁，即连绵沙丘："（自丰州向东北）又经沙陁六十里，宿会星馆，九日至成熙毡馆，十日过黄河……"②文中的黄河即西拉木伦河。

再后，苏辙于1089年使辽，写有《木叶山》诗，

① ［宋］宋绶：《使辽行记》，《续通鉴长编》卷九十七《真宗》，文渊阁《四库全书》史部第73册，台北：台湾商务印书馆，1987年影印版，第519页。
② ［宋］陈襄：《使辽行记》，《辽海丛书》本，沈阳：辽沈书社，1985年版。

描写西辽河冲积平原变为沙漠和沙丘："奚田可耕作，辽土直沙漠。蓬棘不复生，条干何由作。兹山亦沙阜，短短见丛薄。"①文中的"奚田"，为那时一个被称为"奚"的民族所居住的地方，大致位于今承德市域。"奚田可耕作"，即奚人居住的土地是可以耕作的，而向北到了辽土，即西辽河冲积平原，完全是沙漠，这里连蓬草和荆棘都不生长，怎么能进行农业耕作？"兹山"指木叶山，沙阜即沙丘。木叶山的位置，大致位于西拉木伦河与老哈河会流处附近。该诗表明，到了11世纪后期，西辽河冲积平原已完全是一片沙丘起伏的沙漠，连蓬草和荆棘都不生长。苏辙的另一首诗《虏帐》亦描写辽代帝王冬季驻营之地为沙丘："虏帐冬住沙陀中，索羊织苇称行宫。从官星散依冢阜，毡庐窟室欺霜风。……"②诗中的"沙陀""冢阜"，都是指沙丘。

上述宋绶、陈襄和苏辙的记述表明，到11世纪后期，西辽河冲积平原的沙漠化已很普遍，这一景况与前引《五代史》《五代会要》和《辽史》中的相关记

① ［宋］苏辙：《栾城集》，文渊阁《四库全书》集部第51册，台北：台湾商务印书馆，1987年影印版，第189页。
② ［宋］苏辙：《栾城集》，文渊阁《四库全书》集部第51册，台北：台湾商务印书馆，1987年影印版，第189页。

载相比有明显变化，即沙漠化表现非常明显。特别是苏辙的诗表明，西拉木伦河与老哈河会流处周围地区，已是连绵沙丘，这和《辽史·营卫志》及《辽史·地理志》记载该二河会流处有广平淀、柳林淀等淀及周围平坦的地形相比有显著变化，湖泊消失了，而代之以沙丘。

除了西辽河冲积平原出现沙漠化，辽代西辽河支流今查干木伦河谷地也出现沙漠化。查干木伦河辽代称黑河，该河发源于黑山。黑山和黑河是辽代帝王秋季驻营和狩猎的主要地区。辽代前期称黑河谷地为"黑河平淀"或"黑山平淀"，如，《辽史·穆宗纪》："应历十五年十二月，驻跸黑山平淀。……应历十六年，是冬驻跸黑山平淀。……应历十七年，是冬驻跸黑河平淀。"黑山平淀和黑河平淀，是指黑山之下黑河之畔的滩地，查干木伦河上游谷地是较宽的谷地，河滩地的植被覆盖很好。穆宗为辽代初期的帝王，在位时间为公元952—968年。辽代在此设庆州，《辽史·地理志》"庆州"条记载，辽代前期这里自然景色秀丽，穆宗和圣宗（在位983—1030）都很喜爱这里的自然景色，穆宗每年都来这里射猎，经常猎到老虎，并在黑河上游谷地建城设州，而辽圣宗则要死后埋葬在这里："庆州……本太保山黑河之地，岸谷险峻，穆宗建城，号黑河州，每岁来幸，射虎障鹰。……圣宗秋畋，爱其奇秀，建号庆州。……圣宗驻跸，爱羡曰：吾万岁后，当葬此。"在辽代前期文献中，没有提到这里有沙岭。

但在有关辽代中后期的记载中，就不再称黑河谷地为平淀，而出现"沙岭"一称。"沙岭"一词最初见于《辽史》圣宗开泰三年（1014）："秋七月乙酉朔，如平地松林……八月甲寅朔，幸沙岭。"此后，辽代帝王多次游猎沙岭，据《辽史·本纪》统计，自圣宗太平元年（1021）至天祚帝天庆十年（1120）的100年间，辽代帝王共到"沙岭"打猎8次，其中仅辽道宗从太康六年（1080）至寿隆六年（1100）20年间，就来沙岭打猎6次。

沙岭的位置，在宋代沈括出使辽国的相关记录中，有较具体记述。他从今翁牛特旗向西北过潢河（今西拉木伦河），然后沿河向东南行20里又北行，过黑水（今查干木伦河），在辽庆州（位于今巴林左旗西北查干木伦河上游河畔）之南，他记载有两处沙带。一处位于庆州西南数里，"逾沙陁十余叠"，即穿越十余条沙垄或沙丘链。另一处沙带位于庆州东南约30里，沙带宽约20里。①沈括使辽于宋神宗熙宁八年（1075），为辽代后期。

另外，北宋王曾于大中祥符五年（1012）出使辽国，记载了沿途有沙化现象："自过古北口，即蕃境。居人草菴板屋，亦务耕种，但无桑柘；所种皆从垄上，盖虞吹沙所壅。"②其所记载地域，为古北口之北，即今天的承德市域，表明这里多大风，能将沙子吹起掩埋禾苗。

总之，辽代从耶律阿保机建国（907）到辽灭亡（1125），在其前期，西辽河冲积平原在文献中被称为"辽泽"，生态环境很好，为生长松树、榆树、柳树的"高原"与生长芦苇、蒲草的甸子地及湖泊组合的生态环境。"春来草色一万里"，不见有沙丘的记载。但在辽代后期，约公元11世纪以后，出现大量沙丘的记载，表现出沙漠化的突变现象。

西辽河冲积平原在辽代后期之所以出现沙漠化，其主要原因应是自然原因，即可能是气候趋于干燥或冬季风增强的结果，而深厚的第四纪沉积沙层又

---

① 杨渭生：《沈括熙宁使辽图抄辑笺》，载于《沈括研究》，杭州：浙江人民出版社，1985年版，第304—305页。
② ［宋］王曾：《使辽行记》，《续通鉴长编》卷七十九《大中祥符五年·冬十月》，北京：中华书局，1985年版，1794—1796页。

为沙漠化的发展提供了条件。因为西辽河冲积平原在辽代一直就是契丹人游牧之地，没有农业民族在这里进行农业开垦。辽代的农业区主要分布在西辽河流域南部有黄土分布的阶地和台地上。但过度放牧也会对生态环境造成破坏，每年冬季辽代帝王及大臣们在西拉木伦河与老哈河会流处驻扎，即所谓冬"捺钵"，无疑会在这里集聚大量官员、士兵以及牲畜。牲畜的啃食和践踏，无疑会对生态环境造成破坏，加剧沙漠化。

西辽河冲积平原自金代以后，长期为游牧民族放牧之地，驻扎的减少使生态环境有一定恢复。如清代康熙三十七年（1698）十一月上谕："……近者巡幸所经敖汉、奈曼、阿禄科尔沁、扎鲁特等处，见其水草甚佳，为滋生蕃息之地……"①但从康熙后期，特别是从乾隆时期以后，来自河北、山东、山西的大量移民来此进行农业开垦，冲积平原上已经固定的沙地又发生沙漠化。

西辽河流域周围山地，辽代时期为森林植被覆盖。《辽史》诸帝王本纪中，记载辽代帝王秋季"捺

---

① 道光《承德府志》卷首一《天章》，《中国方志丛书》，台北：成文出版社，1968年影印版，第43页。

钵"在今巴林左旗（辽上京）西北面，《辽史》记载那里有松山、桦林山等山，树木茂密，野兽很多。据地名，辽代时期松树和桦树在此处植被构成中占有主要地位。另据北宋时期绘制的《契丹地理之图》[①]，在长城外的山地，包括西拉木伦河上游地区今克什克腾旗、巴林左旗、巴林右旗诸山地，都绘有树木。这里为大兴安岭西南端，据笔者2003年实地考察，今天这里林木仍然茂密，但为次生林，以杨、白桦等树种为主。

乾隆《塔子沟纪略》卷九"土产"记载山地树木有柏、松、杨、柳、榆、桑、椴、苦梨、杏、桃、山梨等，灌木有刺梅、丁香等，野果有山梨、山杏、山葡萄、郁李、桑葚、山樱桃。[②]其植被为针叶树和落叶阔叶树混交林。清代乾隆时期（1736—1795）设立塔子沟厅，辖今内蒙古赤峰市的敖汉、奈曼、库伦旗。这里为辽西山地和冀北山地结合部及西辽河冲积平原的一部分。

① 曹婉如、郑锡煌、黄盛璋等编：《中国古代地图集》（战国—元），北京：文物出版社，1990年版，图版113页。
② 乾隆《塔子沟纪略》，《辽海丛书》本，沈阳：辽沈书社，1985年版。

二、荒漠带生态环境的变化——沙漠的扩大与生态转移

贺兰山和兰州西面的乌鞘岭以西，属荒漠地带，历史时期气候变化对这里的生态环境也有一定影响。如，根据对乌鲁木齐东道海子剖面的孢粉及其他结果综合分析，认为从距今4500年以来，植被有变化，有三个阶段植被变得稍好，即公元前1170—前460年、公元250—640年、公元680—1645年三个时期为荒漠草原，①而大部分时间为荒漠植被。再如，根据对乌伦古湖东南角湖岸沉积地层花粉分析，从末次盛冰期结束以来，该地区植被演替经历了多个阶段：距今12000—10000年期间为灌丛草原；距今10000—7000年期间为荒漠；距今7000—5000年期间为草甸草原；距今5000—3000年期间为荒漠；距今3000—1000年期间为"灌丛草原—荒漠草原—灌丛草原"。②上述两个地点历史时期生态环境变化的幅度似乎不大，但对于西北

① 阎顺、李上峰、孔昭宸、杨振京、倪健等：《乌鲁木齐东道海子剖面的孢粉分析及其反映的环境变化》，《第四纪研究》，2004年第4期，第463—468页。
② 羊向东、王苏民：《一万多年来乌伦古湖地区花粉组合及其古环境》，《干旱区研究》，1994年第2期，第7—10页。

干旱地区而言，却有着非常重要的意义，表明自然界自身的变化（主要是气候变化）也能对这里的生态环境产生一定影响，而且气候变化又可通过水资源的变化和空间分配格局的变化表现出放大效应。

1. 沙漠的扩大——塔克拉玛干沙漠南缘的推进与古绿洲的废弃

历史时期我国西北荒漠地区生态环境变化的一个最为突出的方面就是沙漠范围的扩大。导致沙漠扩大的原因各地不尽相同，有的地方以自然原因为主，有的地方以人为原因为主。下面为三个典型案例。

历史时期新疆塔里木盆地塔克拉玛干沙漠南缘向南推进，主要是自然原因。历史时期塔克拉玛干沙漠南缘推进的最有力的证据就是沙漠南缘有若干古遗址，被废弃在沙漠之中。这些遗址有：尼雅遗址、位于策勒县达玛沟乡北面的丹丹乌里克遗址和位于安迪儿北面的安迪儿遗址等。它们大致呈东西方向排列，曾是古代丝路南道所经过的绿洲。汉代丝路南道是从敦煌经塔里木盆地南缘的若羌、且末，再经尼雅遗址（汉代精绝国）到和田。这条丝路南道，在《汉书·西域传》中被描写为"波河西行"，但《魏书·西域传》则描写此条道路在且末以西，出现严重沙漠化和风沙危害："且末国西北方，流沙数百里，夏日有热风，为行旅之患。风之所至，唯老驼豫知之，即鸣而聚立，埋其口鼻于沙中，人每以为候，亦即将毡拥蔽鼻口。其风迅驶，溯须过尽，若不防者，必至危毙。"这与《汉书》中的记述形成明显对照。唐代玄奘自印度取经归来经过尼雅遗址，"从此东行，入大流沙。沙则流漫，聚散随风，人行无迹，遂多迷路。四远茫茫，莫知所措，是以往来者聚遗骸以记之。乏水草，多热风"，这一记载反映的沙漠化和风沙危害比《魏书·西域传》中所记载的似乎要严重。但玄奘的记述中，尼雅遗址以西至和田之间的道路还未被沙埋而致废弃。唐代之后，此段道路被彻底废弃（见图3-2）。

图3-2 位于尼雅遗址中心的佛塔。尼雅遗址古代又称尼壤，曾经是丝路南道上的重要绿洲，由于塔克拉玛干沙漠向南推进，今天已经完全废弃在沙漠中，呈现一片茫茫沙海。佛塔前方的远处，是一个村落的遗址，也是在茫茫沙海之中。（1994年10月摄）

塔克拉玛干沙漠向南推进，近代仍在进行。如19世纪末，从和田到它东面策勒的道路，是一条东西方向的直线，到20世纪50年代，该路已被流沙掩埋，道路被废弃，无人行走，新的道路向南绕了很大一个弯，绕过一片沙丘。再如，策勒县城在20世纪50年代前的一个多世纪中，由于流沙从西面对该县城侵袭，该县城曾三次被迫向东局部搬迁。该县城现在已加强了对风沙的防治，基本阻止了风沙的侵袭。另外，在民丰县城西北部绿洲边缘，流沙正从西北面进袭绿洲，有的树木的树干已被流沙所埋，仅露树冠。

塔克拉玛干沙漠南缘的推进，主要是两个盛行风向作用的结果：沙漠东部地区盛行东北风，沙漠西部地区盛行西北风，两股风在盆地南部的于田、民丰一带交汇。两股盛行风的吹动，使沙漠南缘缓慢地向南推进。

西北干旱区沙漠推进的另一典型案例是巴丹吉林沙漠向其西北部的推进。该沙漠的西北部有两个非常著名的遗址，一是汉代居延城遗址，一是西夏的黑水城遗址（又称黑城遗址，元代称亦集乃城），位于内蒙古最西端黑河下游额济纳绿洲的东南，曾是该绿洲的一部分。今天两遗址周围已是一片广袤的沙漠，成为巴丹吉林沙漠的一部分。居延城和黑水城曾是沟通蒙古高原与河西走廊及青藏高原交通通道的枢纽，在历史上曾处重要地位。此二城的废弃与其所在绿洲的沙漠化有关，主要是由人为原因造成的。如黑水城的废弃，是明洪武五年（1372），明军攻打固守于城防坚固的黑水城内的元军，因久攻不下，于是在黑河下游构筑了一条数百米长的拦水坝，断绝黑水城水源，守城的蒙古官兵最终弃城而逃。从此，黑河由流向东北改为流向北，注入北面的居延海，黑水城被废弃，其所在绿洲成为一片沙漠。20世纪后半期，由于黑河来水的一度减少，其下游的额济纳绿洲也曾出现沙漠化，绿洲上的胡杨树曾大片枯死。

第三个案例，位于内蒙古河套平原西端的巴彦诺尔盟磴口县西部，处于乌兰布和沙漠东缘。沙漠中有三座汉代县城遗址和大片的汉代墓葬群遗址。在汉代这里曾是"人民炽盛，牛马布野"的一片富庶的农垦区，今天已是乌兰布和沙漠的一部分。这里沙漠化的原因，据已故侯仁之先生的研究，①是由于这里地表原来有一层黏土层，黏土层下面，为厚厚的沙层。由于耕种，破坏

① 侯仁之、俞伟超：《乌兰布和沙漠的考古发现和地理环境的变迁》，《考古》，1973年第3期，第92—107页。

了黏土层，使其下面沙层暴露，在强劲冬春季风的吹扬下，形成流沙。今天，这片被乌兰布和沙漠吞噬的汉代垦区，已有部分被治理，人工栽植的防风林带已茂盛高大，使昔日的沙漠变成棋盘格式农田。

2. 尼雅遗址和楼兰遗址的废弃与生态环境的变化

尼雅遗址和楼兰遗址是塔里木盆地众多古遗址中最为著名的两个。该二遗址的废弃，与生态环境变化有密切关系。

（1）尼雅遗址

尼雅遗址位于塔克拉玛干沙漠南缘，其中心位置南距民丰县城100多千米。尼雅遗址是沿尼雅河下游古河道呈南北长条形延伸的古绿洲遗址。绿洲南北长约25千米，东西最宽处约5千米，遗址的大部分宽度不超过3千米。古绿洲遗址两侧为大致南北方向延伸的高大流动沙丘链，古绿洲就是在两侧沙丘链之间。这一地貌格局决定尼雅河不可能呈现东西方向的大幅度摆动，只能在两侧巨大沙丘链之间向北流动。

在古绿洲遗址区内，散布着大大小小若干聚落遗址，它们或是几家房舍组成一个小的聚落遗址，或是独家房舍的遗址。古绿洲以佛塔为中心，佛塔周围，有多处聚落遗址及古城遗址。

尼雅遗址古称精绝国，最早见于《汉书·西域传》。现在所看到的遗址，主要为公元2世纪至5世纪时期的遗迹，这也是尼雅遗址最繁荣的时期。在尼雅遗址出土物中有小麦、青稞、糜谷、蔓菁等作物，以及羊肉、羊蹄等，表明古代尼雅是一个农牧业兼营的绿洲，这里还出土许多精美丝绸织品和毛织品，显示了古代尼雅绿洲在丝绸之路南道上的重要地位。

公元644年，唐玄奘从印度取经回程经过这里，记载这里有城名尼壤，"周三四里，在大泽中。泽地热湿，难以履涉。芦草荒茂，无复途径。唯趣城路，仅得通行"，该城为于阗国"东境之关防"（《大唐西域记》卷十二《尼壤城》）。

尼雅绿洲被废弃的原因，从尼雅遗址各部分的时代与风蚀程度可以得到暗示。尼雅遗址最北面遗迹，年代最老，为公元前的西汉时期和公元初的东汉时期，很少有房屋的遗迹，最北部地区的红柳包以及植物的残存，也都被风蚀得很严重，很少有残存，表明北部地区废弃得最早。而位于遗址南部的房屋遗迹，保存得相对要好些，许多遗址仍保存有梁柱等房屋构架，还有葡萄园遗址、桑树园遗址、墓地、涝坝遗址、独木桥、拴马桩等，还残立着大量枯死胡杨，以及高大的枯死红柳包，这些都表明南部风蚀较轻，废弃较晚。这一空间差异明显表明，尼雅遗址是由北向南逐渐被废弃，而不是整个遗址在同一时间被废弃，这可能是尼雅河逐渐退缩的结果。而尼雅河的退缩，则意味着河水量的减少。实际上，尼雅河等从昆仑山流出的诸多河流，水量很不稳定，波动幅度很大。如在尼雅遗址中的N2遗址下面有洪水沉积层。该沉积层厚达120厘米，沉积层顶面距地表约半米。沉积层中夹杂有小颗粒的白灰和黑色小炭块、炭渣，这些小块白灰和小炭块、炭渣等物，应是住舍被冲毁的残迹，[1]表明古代曾发生过洪水，这为尼雅河水量波动幅度之大提供有力证据。

（2）楼兰遗址

楼兰遗址位于塔里木盆地东端，古罗布泊西北角。古代塔里木河有一支流沿天山的南支库鲁克塔格山南侧向东流。楼兰遗址就位于这条河流的末端三角洲上。所谓楼兰遗址，包括楼兰古城以及位于此三角洲上若干个

---

① 王守春：《尼雅遗址的历史地理研究》，载于《中日（日中）共同尼雅遗迹学术调查报告书》第二卷，京都：日本京都中村印刷株式会社，1999年，第213—220页。

遗址组成的遗址群。楼兰古城就是该遗址群中最大的一个遗址,是该遗址群的政治中心。古城呈不规则方形,中轴为东北—西南方向,城墙长期受盛行的东北风吹蚀,多已无存。城内房屋朝向西南,与城的中轴延伸方向一致。这一朝向,表明古代这里的盛行风向为东北风。今天这里冬春季节仍盛行强劲的东北风,经常发生沙尘暴,是造成风蚀地貌的主要风向。

楼兰古城曾是丝绸之路上的重镇。楼兰出土大量来自中原的丝绸织物,以及来自中亚和西亚的物品,还出土大量汉文木简与纸质文书,以及佉(qū)卢文木简和纸质文书。东汉和西晋时期,这里是中央政权统辖西域的最高政权所在地,这里也是中央政权驻军屯垦之地。根据在楼兰出土汉文文书的最晚纪年为公元330年,可推测楼兰的废弃当在此后不久。再据《水经注》所记楼兰为"故楼兰",得其废弃时间应在公元4世纪。

《汉书·地理志》记载,楼兰"多柽柳、胡桐、白草"。柽柳即红柳,胡桐即胡杨。今天在楼兰遗址及附近,还可看到粗大的枯死胡杨树和用粗大胡杨木制作的房屋构件等,都说明古代楼兰地区胡杨树分布广泛,长势良好,进而说明楼兰曾有过水资源充足的时期。

楼兰地区气候极端干旱，其生态环境是靠塔里木河水灌溉滋润的。从卫星图像上可以看出，在楼兰古城所在的塔里木河尾端有许多条古河道，形成一个小的三角洲。楼兰古城和它周围的许多遗址就位于这个小三角洲上。但到了楼兰古城存在的晚期，流到这里的塔里木河水量很不稳定，有时来水很少，甚至断流，为此，人们修建大储水池，储水备用。如出土文书191号记载："为大涿池深大，又来水少，计月末已达楼兰。"有时播种的土地，没有足够的水来灌溉。如，出土文书479号正面记载："播种禾九十亩，灌溉七十亩；禾一顷八十五亩，灌溉二十亩"。该文书的反面记载："播种禾八十亩，灌溉七十亩，小麦六十二亩，灌溉五十亩，禾一顷七十亩，灌溉五十亩"。[①]这些记载表明，已播种的土地不能全部灌溉，充分说明年水资源已严重不足。出土的汉文文书还表明，楼兰地区河道水流很不稳定，有时有的河道无水。如文书336反面记载"塞水南下推之"，其反映的是南面的河道无水，需要将北面的河道筑坝截流使其流向南面河道。出土文书还表明，中央政权在这里屯

---

① 林梅村编：《楼兰尼雅出土文书》，北京：文物出版社，1985年版，第51、60、70页。

垦时，在楼兰城的北面，有一条河道称北河。见431号文书记载"溉北河田一顷"，此记载意味着，在楼兰城南面还应有一条与之对应的河道称南河。但后来到《水经注》时，塔里木河只有一条分支流从"故楼兰城"南面流过，表明来水量大为减少。来水量的极不稳定、河流改道甚至断流，可能是楼兰古城及其周围屯垦聚落被废弃的原因。

3. 胡杨林面积的缩小

胡杨是亚洲中部干旱荒漠地带自然生长的一种树木。我国西北干旱区是世界胡杨最主要的分布区。胡杨主要分布于平原地区河流两侧，故又被称为荒漠河岸林。

胡杨树历史上又被称为胡桐。胡杨树具有独特的生理功能。它将矿化度很高的地下水吸入体内后，能将盐分排出体外，在树干表皮形成斑斑白霜般的白色结晶，被称为胡杨碱或"胡桐泪"，其成分主要为碳酸钠。胡杨树有很发达的根系，能充分吸收地下水。干旱地区河流两侧地下水的矿化度很高，别的树木都不能生存，唯有胡杨树能在这种极端严酷的荒漠环境中生长。

我国胡杨主要分布于新疆塔里木河及其支流沿

岸。历史上塔里木河的几条支流在阿克苏南面相汇处的阿拉尔，形成长达上百千米，宽达数十公里的茂密天然胡杨林带。清代肖雄《听园西疆杂述诗》卷二《玛拉巴什》对这里茂密的胡杨林有很精彩的描写："城东多苇湖，再东为巴尔楚克，有邻庄近北河，居住人民一区。北河南岸，遍生胡桐，名树窝子，足供采取。其东南境红柳窝地方，两河会合，即成野湖，名其湖小罗布淖尔。一带胡桐杂树，蔓野成林，自生自灭，枯倒相积。……多藏猛兽，水草柴薪，实称至足。"卷四："南八城水多，或胡桐遍野，而成深林，或芦苇丛生，而隐大泽，动至数十里之广。""（树木）多者莫如胡桐。南路如盐池东之胡桐窝，暨南八城之哈喇沙尔、玛拉巴什一带，北路如安集海、托多克一带，皆一色成林，长百十里，其状多弯曲，臃肿不能成材。……哈喇沙尔之孔雀河河口，泛流数十里，胡桐树杂，枯干成林，倒积于水，有阴沉数千年者，若取其深压者用之，其材必良。……沙滩之中生琐琐树柴，为漠地独有者，高四五尺，围不过数寸，屈曲古峭如树根。"文中的巴尔楚克，即巴楚；哈喇沙尔，即焉耆。

　　19世纪末，俄国人普尔热瓦尔斯基[①]和佩夫佐夫[②]分别沿和田河和叶尔羌河考察，记录了塔里木河支流叶尔羌河及和田河的两侧都有宽达数千米的胡杨林带。在这些河流两侧的胡杨林带中，栖息着老虎、马鹿、野骆驼、野猪等多种野生动物。19世纪70年代，俄国人库罗帕特金从喀什到阿克苏，记载他所行大道沿喀什噶尔河，沿途为茂密的胡杨林，为了防备老虎伤人，沿道路两侧每隔一段距离就在胡杨树上建架起一个小木棚，供行人晚上栖身以躲避老虎。[③]

　　天然胡杨林带从上游沿着塔里木河一直延伸到下游终端湖。20世纪50年代拍摄的航空照片按1：100000绘制的地形图，清晰地显示沿塔里木河中游和下游两岸有连续的胡杨林带存在。今天，这些胡杨林大多已退化或呈枯死状态。据统计，塔里木盆地早在20世纪50年代以前，有胡杨林面积约为28万公顷，由于毁林开荒、乱砍滥伐、放牧、拦洪截流等，到20世纪80年

①　〔俄国〕普尔热瓦尔斯基 H.M.：《从恰克图到黄河源——在中亚的第四次旅行记》，圣彼得堡，1888年版，第460—480页。

②　〔俄国〕佩夫佐夫 M.B.：《在喀什噶尔和昆仑的旅行》，莫斯科，1949年版，第73—81页。

③　〔俄国〕库罗帕特金 A.H.：《喀什噶尔》，北京：商务印书馆，1982年版，第258—271页。

代初，胡杨林面积减少了近46%①。现在，主要在塔里木河中游保留有大片活胡杨林，在此建立了国家自然保护区和国家森林公园，面积达3800平方千米。

在新疆天山北麓，亦曾有多片胡杨林分布。如肖雄的《听园西疆杂述诗》多处记载沿天山北麓的东西方向大道，有大面积胡杨林和芦苇沼泽：卷二《绥来》："绥来县，即玛纳斯……大河前绕，深处多鱼，其东境土脉尤佳，人烟四聚。自呼图壁过河而来，节节长林密树，雅秀可观。近城十数百里之间，阡陌纵横，沟渠周遍……再四十里，渡河而后，或值丛芦大泽，或经茂木深林，又各成景象焉。……从昌吉十里至三屯河，二十里至芦草沟，所过皆树林。十五里至榆树沟，四十五里至呼图壁，再经树林，十里过河，河滩广十里。西岸仍入树林，再二十五里，至乱山子，二十五里至土古里……四十里至绥来。"《库尔喀拉乌苏》："自绥来至石河子，过河，河广数里……四十里至乌兰乌苏，皆草木深茂之区。四十里至三道河，五十里至安集海，两处沿路大半深林。……自安集海出树

<hr>

① 任伯健：《塔里木盆地胡杨林》，《新疆林业》，1980年第6期增刊（专号）。

林，一带皆碱滩芦苇。"天山北麓的胡杨林，现在有很大部分被开垦为绿洲，现尚残存的胡杨林，主要分布在一些绿洲外围和河流下游。

除了新疆以外，在内蒙古西部阿拉善盟额济纳旗额济纳河（黑河下游）沿岸，也曾有面积广大的胡杨林。由于黑河来水量在20世纪后半期一度减少很多，胡杨林曾大片枯死，现存胡杨林面积尚有26000公顷。此外，在青海格尔木阿尔顿曲克草原西北部的托勒海地区，也有一片胡杨林，这里海拔2700多米，是世界上海拔最高的胡杨林带。

胡杨林对于生态环境脆弱的西北荒漠地区防止荒漠化具有重要的生态价值。特别是在塔里木河下游，原先沿河流两侧胡杨林连续分布，成一绿色带，自北而南横穿塔里木盆地，被称为绿色走廊，将西面的塔克拉玛干大沙漠和东面的罗布荒原隔离开。自20世纪60年代以后，有很长时间塔里木河下游处于断流状态，导致大部分胡杨林枯死。恢复这条绿色走廊，对于保护从库尔勒到若羌的公路，以及保护已建成的库尔勒到青海格尔木的铁路，具有重要意义。近年通过对塔里木河进行治理，保证下游河道有一定流量，以维持这条绿色走廊。

胡杨树在春夏季呈绿色，秋季呈金黄色，与周边的沙漠构成独特的壮美景观。

西北干旱地区，由于大气影响，降水很少，无论是绿洲的农业灌溉，还是胡杨林的生存，主要靠从山地中流出的河流补给。因此，河水是生态环境中最为重要的因素。如果说在历史早期，西北干旱地区生态环境的变化主要原因是自然原因，如尼雅遗址和楼兰遗址等的废弃，可能主要是由于气候变化导致河流来水减少，或自然原因导致河流的不稳定和改道，那么，在晚近时期，西北干旱地区生态环境的变化则主要是由人为原因造成的水资源空间分配的变化。如塔里木河流域胡杨林面积的缩小，以及内蒙古西部额济纳旗额济纳河下游胡杨林面积的缩小，主要原因是上游绿洲人口的增加、耕地面积的扩大，以及社会经济的发展，使上游用水增加、下游来水减少，这种情况，被称为"生态转移"。为了避免处于河流上游的绿洲"近水楼台"对水资源无限制利用导致下游生态环境的恶化，我国已从国家层面进行干预，对塔里木河和黑河等河流进行规划、对水资源进行统一管理和调控。

4. 祁连山和天山森林生态环境的变化

西北的河西走廊和新疆地区，虽地处干旱的荒漠带，区域降水很少，但这里的山地，随着山体高度的增加，温度亦随着下降，空气中的水汽遇冷而凝结，故西北的荒漠带中那些高大的山体，成为水汽凝聚的中心，被称为"荒漠中的湿岛"，植被随山体高度的增加呈垂直变化，山麓地带为荒漠带，随高度增加，依次出现草原和森林带。其中，有的山地，历史时期受到人类的影响较大，森林植被受到较大破坏，最突出的就是祁连山。

祁连山脉从河西走廊东部的武威向西沿走廊南侧延伸到敦煌，故祁连山又被称为走廊南山。河西走廊属于荒漠地区，降水量很少。东部的武威降水量较多，但年平均降水量也只有212.2毫米，而年平均蒸发量则高达2163.6毫米。位于最西部的敦煌，降水量较少，年平均降水量只有39.9毫米，而年平均蒸发量高达2490毫米。作为古代丝绸之路主要通道的河西走廊上的诸绿洲和城市，主要是靠祁连山的冰雪融水和雨水的滋润灌溉。显然，祁连山的生态环境，对于河西走廊是极为重要的。祁连山由于山地湿岛效应，起着集聚水汽的作用，并形成相对较好的生态环境，成为荒漠中的绿岛。古代祁连山东部和中部有较多森林覆盖，这可由以下事实证之。

汉代在今武威地区南部设立苍松县，到南北朝的北凉时期，在此置昌松郡。在今天武威市博物馆中，陈放着一具出土于该市南部祁连山下的汉代墓葬群的棺材，其上下左右的四块棺木，皆由厚达10多厘米、宽达1米多、长达2米多的整块松木板制作而成。显然，这些棺材板材是由非常粗而高大的松树制成的。据该博物馆工作人员介绍，这只是该墓葬群中一个普通坟墓中出土的棺材。此类棺材在武威南部山麓地带的汉代墓葬中很普遍。可见，那时，在武威南面的祁连山地中，直径在1米以上的高大松树是非常多的。这样粗大的松树，需要数百年甚至上千年才能长成，必定是在茂密的松林生态环境中生长的。古代用苍松和昌松命名这里的县城，充分反映了这里有茂密松林的森林生态环境特点，也说明古代祁连山东段松林分布之广。另外，宋代人编撰的《太平寰宇记》记载，武威南面的天梯山，古称第五山，"有清泉茂林"。这些都说明，古代祁连山东段有较多的森林植被覆盖。

位于张掖地区南面的祁连山中段，古代生态环境也很好。最早有关这一段山地的文献《西河旧事》记载："（祁连）山在张掖、酒泉二界上，东西二百余里，南北百里，有松柏五木，美水茂草，冬温夏凉，宜放牧，匈奴失二山，乃歌云：亡我祁连山，使我六畜不蕃息；失我燕支山，使我妇女无颜色。"（《史记·匈奴列传》《索隐》）《西河旧事》作者与时代，史无记载，但北魏郦道元在《水经注》中引用此书，此书的时代当在北魏以前的汉晋时期。燕支山，即今天张掖东面山丹县的焉支山，古代此山生态环境也很好："有松柏五木，其水草美茂，宜畜牧，与祁连山同。"（《太平寰宇记》）在汉代初期，河西走廊地区曾为蒙古高原上的匈奴人所控制，汉武帝为了切断匈奴人与青藏高原上羌人的联系，削弱匈奴人的势力，"断匈奴右臂"，打击匈奴人，派遣大将军霍去病将匈奴人从河西走廊赶走。匈奴人对祁连山和焉支山的悲婉留恋之歌，反映了这里曾有良好的生态环境，这里不仅有松柏，还有"五木"。所谓五木，应是指多种树木，其中也应包括多种阔叶树。此外，这里还有水草丰美的草地。张掖南面的马蹄寺所在的山，古称临松山，又名青松山，又称马蹄山（《太平寰宇记》）。北魏时期在张掖南面设临松郡。青松山、临松郡这两个地名反映古代马蹄寺所在的山地乃至张掖南面的祁连山松树很多。著名的山丹军马场就位于张掖地区山丹县祁连山的前山，自古就是一片水草丰美的草原。

位于酒泉以西的祁连山西段，虽然这一地区气候更加干旱，生态环境更为严酷，"地少林木"，但这里的祁连山深山中仍有树木生长。如《唐书·张守珪传》记载，张守珪在任安西地方长官时，一场暴雨引发洪水从祁连山中冲出许多木材，为恢复被吐蕃人攻打这里时破坏的水利工程提供了木料。

直到清代中期，祁连山仍有很多树木。如乾隆元年撰成的《甘肃通志》卷六《凉州府·武威县》记载："青山，在县东二百五十里，上多松柏，冬夏常青。""松山，在县东三百一十里，上多古松。""第五山，在县西一百二十里，上有清泉茂林修竹。""牛心山，在县南一百九十里，山多林木。""杂木山，在县南七十里，为杂木大小二渠水源。"《古浪县下》记载："黑松林山，在县东南四十五里，上多松。柏林山，在县东南七十里，山多柏。""石门山，在县南四十里，即黄羊川东山，石壁相向，其状若门，故名，山多松柏、寺观。""不毛山，在县东南八十里，环山皆林，独此山不生草木，故名。显化山，在县南四十里，其形高耸，树林阴郁，由巅至麓，寺宇迤逦。""大小松山，在县东一百二十里，接兰州界，山多大松，其北又有小松山。""棋子山桌子山，在县西南二百里，两山相连，道险树密，番人巢穴。雍正二年（1724），番民梗化，奋威将军岳钟琪、凉庄道蒋洞率兵攻之，伐树通道，直抵其穴，西番始平。"在该卷甘州府则只记载张掖县的平顶山有树木："平顶山，在县西南一百三十里，产松柏，木植通黑。"该卷《肃州高台县下》记载："榆木山，在县南四十里，上产榆树，故名。东起梨园，西尽暖泉，延长百余里。""白城山，在县西南八十里，石磴曲折，有林泉之胜。"但清代及后来的民国时期，祁连山的森林已有很多被砍伐。如清代就不见今张掖地区有关临松山（马蹄山）和焉支山生长树木的记载，意味着这两处森林植被在清代初期已被砍伐殆尽。再如前引乾隆元年（1736）编撰的《甘肃通志》中记载的武威地区的"古松""大松"，在后来的清代末年和民国时期的方志中已不见记载，表明这些"古松"和"大松"已被砍伐殆尽；高台县南绵延百余里的"榆木山"的榆树和有"林泉之胜"的白城山植被与泉水，在清代末年和民国时期方志中也不见记载。今天焉支山的茂密森林，树龄都很短，是近几十年长起来的，树种单调，全都是针叶树，不见古代所称的"五木"。马蹄寺所在的马蹄山，现今的松树树龄也很短，树木也稀少，古代在此设临松郡，其树木应较多。显然，到清代后期和民国时期，包括武威地区清代前期的"古松""大松"、古代焉支山和临松山（马蹄山）的树木，以及高台县南面榆木山的榆树，都遭到毁灭性砍伐和破坏。

从祁连山流出的石羊河、黑河、疏勒河、党河，以及众多小河和泉水，对于雨水稀少气候极为干旱的河西走廊来说，其重要性不言而喻。祁连山的森林曾在涵养水资源、调节河流径流、保障河西走廊诸绿洲水资源安全方面起着非常重要的生态作用。因此，保护祁连山的自然植被，保护这里的生态环境，尤应受到重视。

天山山脉的北侧，历史上森林面积非常广。据1911年编撰的《新疆图志》"实业"篇记载，那时虽有偷伐林木者，然而天山北侧仍有面积广大的天山云杉林："新疆南北天气地脉大殊，天山横亘其间，南麓多童，北麓则自奇台至伊犁二千余里，岗峦断续森然者皆松也，其沿驿大道，则榆柳白杨红柽桃杏沙枣野荼枸杞，而榆柳尤多……南北高山深谷乔条杂出，灌莽丛生，实兼有炎寒三带之产。其间沙卤薮泽牧场居之十五六，天然林木居十之九，人力经营者十之一。镇西、哈密间南山之麓东起松树塘，西抵黑沟，山松阴蔚亘二百里。阜康博格达山松木尤盛，自南山口取道而入崇崖绝磴，枝叶交阴，越壑沿流，峰路回转，百余里，柯干枒杈，顶上如棚如盖，朽枝老干折仆于路者，厚积数尺。其下多茯苓，皆太古物也。松身去地二三尺，旁枝横生，渐上枝渐短，矗立亭亭如塔，纵人采伐无禁，然崎岖艰阻，终无一椽一木出山者。奇台南山与阜康相似，孚远南山名曰松山，松杉弥望无隙。"那时已有偷伐林木的情况："居民多窃伐者。然山下农田数千万顷，全恃雪水消注灌溉，故严冬积雪遮阴于万松之下，天暖渐融，释自顶至根，涓涓不绝，千枝万脉积溜成渠。""伊犁果子沟多林檎诸果。自松树头至山麓六十里，遮崖蔽谷者皆松桦也。沟中奔流，崖间崩雪均注阴于松林之下。……迩年樵采渐稀。"①自清代中期的乾隆时期将新疆统一于祖国版图，大量移民从内地来此，其中有官方主持的

---

① 袁大化修，王树枏等纂：《新疆图志》，载于《边疆丛书》，台北：文海出版社，1965年影印版，第1128页。

移民，也有自发移民，在天山北麓和伊犁河谷地进行农业开发，形成了许多绿洲和城镇，为今天天山北麓的绿洲和城镇的发展奠定了基础。随着人口的增加，乡村与城镇的兴建，不仅天山北麓面积广大的胡杨林被砍伐殆尽，天山北侧的云杉树因是极好的建筑材料，也遭到大量砍伐。今天天山北侧还残存若干大片森林。如博格达峰之下的天池两侧覆盖着茂密的云杉林，乌鲁木齐南山也有茂密的云杉林。这些森林，不但在涵养水源方面起着重要作用，而且，在干旱的荒漠地区，它们还具有重要的景观意义。

位于准噶尔盆地西侧的塔城地区，有巴尔鲁克山，那里原来有面积广大的森林，自19世纪后半期沙皇俄国的势力向这里渗透，俄国人对这里的森林进行砍伐以牟取利益："塔城山童土斥，唯西南二百四十里有巴尔鲁克山，长二百余里，宽百里或数十里，多松桧杨柳，界划中俄。……俄人时入山采伐销售于我，无禁者。"[1]

位于新疆最北部的阿尔泰山地，其南侧正迎着来自大西洋的西风带，降水相对较多，只是在低山丘

---

[1]　袁大化修，王树枏等纂：《新疆图志》，载于《边疆丛书》，台北：文海出版社，1965年影印版，第1128页。

陵的前山地带为荒漠草原，在阿尔泰山的中山和高山带，分布面积广大的森林。自低处向高处有阔叶林、针叶林和高山草地几个垂直带的变化。阿尔泰山地的森林植被较少受到破坏，保持着较好的原始生态环境。这是由于这里的两个主要民族——哈萨克族和属于蒙古族一支的图瓦人，他们都从事牧业。哈萨克族是季节性迁徙的游牧民族，即夏季迁徙到阿尔泰山地的高山牧场，冬季则迁徙到准噶尔盆地，居住在帐篷中；图瓦人则是定居民族，居住在用圆木建成的木格楞房屋中，从事狩猎和放牧。哈萨克族和图瓦人都很注意保护生态环境，因此，这里的森林植被很少被破坏。而阿尔泰山地南侧的平原地带，农业人口相对较少，绿洲与城镇规模都不太大，对生态环境的破坏相对较轻。

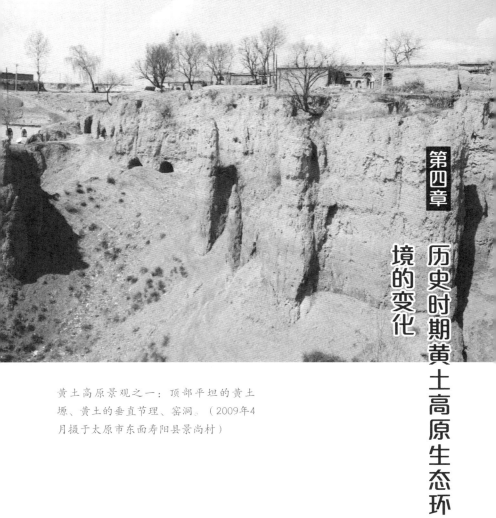

第四章　历史时期黄土高原生态环境的变化

黄土高原景观之一：顶部平坦的黄土塬、黄土的垂直节理、窑洞。（2009年4月摄于太原市东面寿阳县景尚村）

一、独特的自然地理环境

黄土高原在地貌、植被等方面都有其独特性，是我国一个独特的自然地理区域。黄土高原是我国水土流失最严重的地区，是黄河泥沙主要来源地。无论从环境变迁史研究的学术角度还是从黄河治理角度，黄土高原备受多学科关注。

黄土高原自然地理环境最为独特之处在于它是地球上黄土连续分布面积最大的一个地区。黄土高原的范围，北面大致以大同北面的明代外长城，向西南经偏关、陕北榆林、宁夏同心，再向西南，沿兰州西面的乌鞘岭，沿湟水之北，到青海湖东面的日月山，然后向东沿黄河南侧，经甘肃临夏、天水，再沿秦岭北侧向东，至小浪底水库，东面大致沿太行山西侧，即经山西长治、寿阳一线至大同之东，其面积大致为42万平方千米，其中属于黄河流域的面积为37万平方千米。

黄土高原也是地球上黄土堆积最厚的地区。堆积厚度在30米到200米，堆积最厚达439米，位于兰州地区。黄土堆积的厚度，总的趋势是自西北向东南逐渐变薄。

黄土高原的面积广大和巨厚的黄土，是在地球历史的最近260万年以来，也就是地质学上所称的第四纪时期不断堆积而成。黄土高原上的黄土主要是由风带来的，即所谓"风成说"。第四纪时期，欧亚大陆北部广大地区，经历了至少4次大的冰期。在冰期时期，西伯利亚的很大部分地区被冰川所覆盖，蒙古高原和我国西北地区形成面积广大的沙漠戈壁，冬春季节，来自西伯利亚和蒙古高原的强劲冷空气，将戈壁沙漠地区的沙尘吹扬起来，形成沙尘暴。被吹扬起来的沙尘，吹向东南。随着强劲的西北风风力逐渐减弱，以及尘土颗粒粗细的不同，被吹扬的高度和被携带的距离也不同。那些颗粒很粗的沙尘，首先沉落下来，而那些颗粒很小的粉尘，则被向东南吹扬到较远的地方。极为强劲的沙尘暴，可将粉尘物质携带到今天的京津地区和黄河下游地区；甚至还可把粉尘物质吹扬到高空，形成浮尘，吹扬到长江下游地区；甚至还可吹扬远到太平洋中部，沉降在大洋海底。我国历史文献中大量记载的"雨土"现象，就是浮尘降落形成的。但来自西伯利亚的寒冷气团在向东南劲吹过程中，受到地面的山地阻挡，以及来自东南方向湿润空气的阻挡，其所携带的粉尘物质主要沉降在黄土高原地区，经过260万年漫长的第四纪时期，逐渐形成了黄土高原巨厚的黄土堆积。

黄土地貌是黄土高原景观的最主要特点。黄土地貌包括塬、墚、峁三种正地形以及黄土冲沟和沟谷等负地形。塬是宽广而平坦的黄土地面，主要分布在黄土高原南部。著名的有平凉地区的董志塬、陕北的洛川塬、关中的周原、西安的白鹿原等。晋西南的临汾地区和运城地区，也有许多面积很大的塬。在六盘山以西，也有面积很大的塬，如甘肃会宁县的白草塬等。有的塬面积很大，如洛川塬，纵横数千米至数十千米，坦荡无际，犹如黄淮海平原般平坦开阔。墚是顶部相对平坦的覆盖黄土的长条形地形。峁则是馒头形的黄土地形，主要分布在北部地区。墚在黄土高原南部和北部都有分布。在黄土高原北部的陕北和晋西北地区，地形以峁和墚为主。墚之上常有峁分布，形成好似龙蛇起舞般波状起伏的丘陵，属于黄土高原丘陵沟壑区。若站在高处，可以看到，这些墚和峁的顶部，大致都处在相近的高度上，暗示了在遥远的地质历史上，这里的地形曾是相对平缓的。

山地是黄土高原自然环境的重要组成部分。黄土高原不仅外围为秦岭、太行山、阴山、贺兰山等山脉所围绕，高原内部还耸立着若干山地，主要有山西省的吕梁山、中条山，陕西省的黄龙山、子午岭，甘肃省东部及宁夏南部的六盘山等。黄土高原内部诸山地，由于降水比周围相对要多，天然植被覆盖度较高，被称为"黄土高原上的绿岛"。这些山地，不仅点缀了黄土高原的景观，还是黄土高原上许多河流的发源地，对于黄土高原水源的涵养和生态环境的优化，具有重要意义。

黄土高原还有许多宽广的河谷和盆地。其中有的河谷之宽广，被称为平原。如渭河谷地，在宝鸡以下，河谷宽阔，被称为关中平原，素有"八百里秦川"之美誉。汾河谷地，则有许多盆地，如晋中盆地、临汾盆地等。山西还有属于涑水流域的运城盆地和桑干河流域的大同盆地等。此外，无定河、延河、泾河、洛河、葫芦河、清水河、湟水等河流，也都有较宽的河谷和河谷平原。

降水在空间上也有很大差异，其总的趋势是从东南向西北逐渐减少。如渭河谷地年平均降水量多达700毫米，而黄土高原西部年平均降水量只有250毫米。相应地，植被也存在空间差异和具有分带性。高原东南部为森林带，西北部则为草原带。

黄土高原的西部和北部，包括陇东、陕北和晋西北地区，地形主要为丘陵沟壑，是我国水土流失最严重的地区。

黄土高原的厚层黄土堆积，不仅与这一地区独特地貌的形成有直接关系，而且厚层黄土具有疏松和垂直节理，使黄土易于被流水侵蚀，是黄土高原水土流失严重的原因之一。厚层黄土还对植被的特点有深刻影响。

二、上古时期黄土高原的生态环境
——《诗经》与《山海经》记载的黄土高原植被 与生态环境

古代黄土高原的植被比今天好得多，但不同地形部位其植被特点有所不同。

古代黄土高原大多数山地为森林植被。这是由于黄土高原的山地较少被黄土覆盖，再加上山地随高度增加降水增多，故植被生长较好。如《山海经》记载位于延安南面的申山，其上部多栎树，多柞树，其下部多橿子栎；位于申山北面的鸟山，其上部多桑树，其下部多构树。申山和鸟山，可能是陕北黄龙山的不同地段。可能位于清涧水上游的号山"其木多漆、棕"。白于山"上多松柏，下多栎檀"。《山海经》

还记载山西吕梁山的上部多松柏，其下部多棕榈、櫃子栎，多漆、梧桐等树木。唐宋及元明清时期，有关从黄土高原山地砍伐树木的记载很多，是古代黄土高原山地植被特点的很好证明。

至于黄土高原由黄土形成的塬、墚和峁的地形，古代其上面的原始天然植被既有面积广大的草地，也有树木。

《诗经·吉日》描写黄土高原漆沮河流域野鹿成群，有野猪、犀牛等多种动物，是天子打猎的好地方。《小雅·鹿鸣》："呦呦鹿鸣，食野之苹；……呦呦鹿鸣，食野之蒿；……呦呦鹿鸣，食野之芩。"《大雅·绵》："周原膴膴（wǔ wǔ），堇荼如饴。"其中的"膴膴"为肥沃之意；堇，野菜的一种；荼，苦菜。《大雅·韩奕》："孔乐韩土，川泽许许；鲂鱮甫甫，麀鹿噳噳；有熊有罴，有猫有虎。"这些记载表明，古代黄土高原的黄土塬为一片肥美的草地。《诗经》及古代文献有的篇章还记载黄土塬上有树木生长。

根据历史文献的记载和对沉积地层中植物花粉的分析研究，古代黄土高原的黄土塬、黄土墚上的植被，除了面积广大的草地，还有乔木和灌木，其中灌木在植被构成中占有重要地位；而黄土峁上的植被，则以灌丛和草地为主。因此，古代黄土高原上的原始天然植被应为疏林灌丛草地。

三、黄土高原生态环境恶化的过程与原因

最近几千年来的人类历史时期，黄土高原植被与环境发生了很大变化。导致历史时期黄土高原生态环境变化的既有自然原因，也有人为原因。

古代黄土高原降水量比今天多，植被与环境也要比今天好。黄土高原的北部，在上古时期为森林带（森林带北界在靖边、榆林之北至呼和浩特一线），后来气候趋于干旱化。到了唐代后期，森林带的北界向南退缩，大致沿庆阳、绥德、离石一线延伸，后一界线与今天森林带北界大致相合。相应草原带则向南推进。虽然草原带向南推进到庆阳、绥德、离石一线，但此线以北地区仍残留着森林，后来被逐渐砍伐和破坏。

黄土高原地区人类活动的历史悠久，人们在黄土高原多处发现不同时期远古人类活动的遗迹及化石。大约从一万年前开始，地球自然环境的演化进入全新

世时期，中华民族先民进入新石器时期，黄土高原成为我国旱作农业的重要发祥地，也是中华文明的重要发祥地，是周秦汉唐时期的政治中心。

由于历史上农业开垦以及军事和战争等原因，黄土高原植被在近两千年的历史时期受到严重破坏，生态环境趋向恶化。特别是唐宋以后，黄土高原生态环境受到人为破坏越来越严重。唐玄宗开元、天宝时期，长安宫殿的修造要从黄土高原北部的榆林地区和内蒙古鄂尔多斯市东部以及山西省的岚县、岢岚等地吕梁山地中采伐长达五十尺（约17米）的松木大料若干（《旧唐书·裴延龄传》）。北宋时期，北宋与西夏政权在黄土高原北部和西部对峙，北宋在对峙的沿边地带，包括今吕梁地区、延安地区、榆林地区、庆阳地区、平凉地区、天水地区、固原地区、临夏地区等，兴建了许多军事性质的堡寨。仅北宋仁宗庆历年间（1041—1048），为了防御西夏的进犯，在东起神木、府谷，西至天水地区，兴建了200多个堡寨（［宋］洪迈：《容斋随笔》卷十一《宫室土木》）。这些堡寨的建造，无疑需要大量木料。如北宋建造米脂寨和它附近的银州城，就砍伐了横山中的树木（［清］徐松辑：《宋会要辑稿·方域·兵》）。为了加强这些堡寨的军事力量，在这里驻扎众多军队，为了解决军队给养，又招募屯垦，发展农业。另据宋代释文莹撰《玉壶野史》记载，北宋时天水西北地区"产巨材，森郁绵亘不知其极止"，北宋为了在渭河上游建造堡寨，砍伐材木数万株，并开始在沿边地带开垦坡地（《宋史·兵志四》《文献通考》卷七《田赋七》）。北宋时期，京城汴梁（今开封）皇宫和贵族宅第修建所需木材有一部分采自吕梁山和陇山。北宋京城所需的烧柴和木炭也有很大部分是采自黄土高原。如仅北宋治平二年（1065）一年之中，由河南西北部、陕西和吕梁山地区顺黄河而下运送的柴薪就达856.5万公斤，木炭达50万公斤（《宋史·食货志》）。制成这些柴薪和木炭要砍伐大量乔木和灌木，而且仅一年就砍伐如此之多，若每年累加，则整个北宋时期砍伐树木数量之巨大，可谓惊人。因此，北宋时期对黄土高原植被的破坏，是相当严重的。

金代后期将都城迁于开封，称南京，并在此大兴土木。金皇统元年（1142），"是时营建南京宫室，大发河东、陕西木材，浮河而下，经砥柱之险，筏工多沉溺"（《金史·食货志》）。文中的"河东"是指吕梁山地区，"砥柱之险"是指三门峡。

金代对黄土高原植被破坏的另一个原因是土地开垦进一步加剧。金代黄土高原"田多山坂硗瘠"（《金史·石抹元毅传》），表明耕地已开垦到土层瘠薄的山坡上，无疑会对山地植被造成很大破坏。

元代时期黄土高原植被的破坏也很严重。据清代学者康基田在吕梁山地区调查了解到，元代吕梁山北部芦芽山森林破坏很严重："元人盘踞芦芽山，山木砍伐殆尽。"①

元代为了建造大都城（即北京），大兴土木，从山西省北部采伐大量木料，由永定河支流桑干河顺流而下到北京卢沟桥附近。绘于元代初年的名画《卢沟运筏图》展现出为建造元大都城而运输的木材在永定河沿岸堆积如山的场面，这些木材就是从永定河上游黄土高原北部的晋北地区砍伐的。

明代在黄土高原北部修造长城，建造城堡，需要砍伐大量树木，而且，在长城沿线集聚了大量人口，开垦耕地，对长城沿线天然森林植被造成严重破坏，引起明代许多官员的关注。如明代官员庞尚鹏在考察

---

① ［清］康基田：《合河纪闻》卷九，霞荫堂藏版，嘉庆戊午（1798）仲夏镌刻版，第68、69页。

晋北和陕北后向朝廷报告："三关平原沃野，悉为良田。若问抛荒，惟孤悬之地间有之，亦千百十一耳。其余山上可耕者，无虑百万顷。臣岭南人，世本农家子，常叹北方不知稼穑之利。顷入宁武关见有锄山为田，麦苗满目，心窃喜之。及西渡黄河，历永宁入绥，即山之悬崖峭壁无尺寸不耕。"①文中的"三关"即晋北的雁门、宁武、偏关，"永宁"即今离石，延绥镇即延安、绥德地区。其中陕北的绥德地区"即山之悬崖峭壁无尺寸不耕"，其开垦率之高可见一斑。

明代除了开垦坡地破坏自然植被外，还大量砍伐黄土高原北部，特别是山西省北部长城沿线的树木。如明代马文升在《为禁伐边山林木以资保障疏》的奏文中，就详细报告了晋北长城森林被砍伐的情况："自边关、雁门、紫荆，历居庸、潮河川、喜逢口至山海关一带，延袤数千里，山势高险，林木茂密，人马不通，实为第二藩篱。……永乐、宣德、正统间，边山树木无敢轻易砍伐……自成化年来，在京风俗奢侈，官民之家争起宅第，木值价贵，所以大同宣府规利之徒，官员之家，专贩筏木……纠众入山，

---

① ［明］庞尚鹏：《清理山西三关屯田疏》，载于《明经世文编》卷三百五十九，北京：中华书局，1962年影印版，第3869—3872页。

将应禁树木，任意砍伐。中间镇守、分守等官……私役官军，入山砍木，其本处取用者，不知其几何，贩运来京者，一年之间，止百十余万……即今伐之，十去其六七，再待数十年，山林必为之一空矣。"①明代另一位官员吕坤也报告了长城沿线森林植被遭严重破坏的情况："百家成群，千夫为邻，逐之不可，禁之不从。""林区被延烧者一望成灰，砍伐者数里如扫。"②明代初期除了北部长城沿线曾有较茂密的天然植被外，山西省其他许多山地也曾有茂盛的天然植被。如吕梁山西侧永和县西南的乌龙山，明初曾是"巨柏参天，不可胜计"。③总之，到明代后期，这些天然植被均遭严重破坏。

在陕北榆林地区，到明代，天然林木尤为贫乏。如撰写于清代初期的《延绥镇志》卷三对榆林地区植被与环境的描写："榆地不毛，即青草亦如桂。"

清代前期，黄土高原的一些山地还有保存较好的植被。如《古今图书集成·职方典》中记载庆阳北

① ［明］马文升：《为禁伐边山林木以资保障疏》，载于《明经世文编》卷六十三，北京：中华书局，1962年影印版，第527、528页。
② ［明］吕坤：《摘陈边计民艰疏》，载于《明经世文编》卷四百一十六，北京：中华书局，1962年影印版，第4504—4515页。
③ ［民国］《永和县志》卷一《山川》，台北：成文出版社，1969年影印版，第79页。

60千米的第二将山"峰峦高耸，林木茂盛，其地居民多富庶"。位于庆阳合水县城东25千米的子午山"松木槎牙，绵亘八百余里"。位于合水县南500米的南山"其山巍然，林木茂盛"。位于宁州东百里的横岭"山势高耸，树木茂盛。"平凉府山地也残存较大面积的天然森林。如平凉府静宁州南75千米的孙家山"派接秦陇山，号陆海，林薮渊泽不可测"。华亭县"林木畅茂，人民鲜少，承平日久，渐益开辟"。位于崇信县西20千米的五龙山"峰岭蜿蜒，林木苍郁"。位于崇信县的唐毛山"林木丛生如毛，人皆取材于此"。位于六盘山南端的天水地区，也残存大片天然林，如秦州（今天水市）北25千米之黑谷"丛山乔林，连跨数县"。

清代乾隆时期以后，由于全国人口呈膨胀式增长，黄土高原地区的人口也呈增长趋势，同时扩大耕地面积，加剧了对天然植被的破坏。

由于明清时期的砍伐，到民国时期，陕北地区的一些山地已是"童山濯濯"。如民国《神木乡土志》："神木先年富于材木，惟松柏尤多，故城中旧屋檩梁椽柱无非松柏木者，斯非其明证矣。今虽童山濯濯，而偏僻之区凡凡者犹指不胜屈也。"再如《延长县志》："地尽童山。"《安定县志》卷四"物产"："柏，高柏山最多，人多砍伐，今亦寥寥。"民国《白水县志》："杂木，四乡沟涧颇多，而不足供栋宇墙干车版之用，生秦山者未及长大，乡民伐以烧炭供爨，今已濯濯。用作室者，率购之渭南，驮运而至，亦劳甚矣。"民国《韩城县续志》"物产"："韩城山多田少，利在树艺。近年五池森林已经濯濯，其他川原亦皆日寻斧斤，绝少树艺，以致木料缺乏，价值较昔年倍蓰。"

20世纪30年代，由于日本侵略东北，大批东北难民逃到陕西，再加上1938年国民党政府为了阻挡日军对河南的进攻，扒开郑州附近的黄河花园口大堤，造成河南等地大量灾民涌入陕西，其中有很大部分被安置在陕北的黄龙山地区，将大片森林开垦成耕地。如民国《洛川县志》卷八《地政农业志》记载："民国以来，垦政无可言者。迄二十七年，洛川东境划归黄龙山垦区，应别为纪述外，三十一年豫灾移民，难民入境，本区专署集会决定垦佃办法。专员余正东有告官绅民众书：……今岁豫省成灾，移入本区黄龙山及各县者，络绎于途，其数已达两万。"又记："洛川向富森林，但全部集中于黄龙山中，自黄龙山设治后，今所余者，仅拓家河、厢西河一带略有杂树林而已。"这一记载表明，位于洛川县的黄龙山地区天然林在民国时期也遭严重破坏。

今天，在黄土高原地区，原生的自然植被已不存在，特别是在陕北地区，一眼望去，满目童濯，到处是裸露的起伏的黄土丘陵，呈现一派苍茫雄浑的壮观景象。只是在个别山地，如陕北的子午岭和黄龙山，还有大片茂密森林，但基本上都是由杨树、桦树等构成的次生植被。

第五章

水体生态环境的变化

河南省兰考县铜瓦厢黄河险工。1855年黄河在这里决口，由原先经由淮河河道入黄海改向东北经由大清河入渤海，形成今天的黄河河道。今天黄河在这里呈一个U形大拐弯，左侧有独树处，为U形拐弯的顶端，黄河大溜在这里直冲U形顶端，冲击着这里的河堤，对河堤的安全造成极大威胁，为此，这里的河堤用石块砌筑，形成宽厚坚固的石堤，称为"险工"。为了加固堤防，沿堤还栽植树木。右侧为黄河淤积形成滩地。（2003年8月摄）

　　水是生态环境中最重要也是最活跃的因素，是生命存在的基础。水体主要包括湖泊、沼泽、河流和地下水，此外还有泉水、冰川等。其中湖泊和河流为最重要，也是历史上最受关注的水体。

一、古代若干重要湖泊及若干区域湖泊群的变化

　　我国古代湖沼很多，主要有两大类型，一类是外流的淡水湖泊，一类是分布于西北干旱地区的内流湖。

1. 古代文献记载的"九薮"和"十薮"

　　我国古代对湖泊非常重视。最早对我国湖泊予以记载的是《周礼·职方氏》，其中记载古代华夏大地有九个泽薮："东南曰扬州，其泽薮曰具区。其浸五湖。""正南曰荆州，薮曰云梦。""河南曰豫州，其泽薮曰圃田。""正东曰青州，其薮曰望诸。""河东曰兖州，其泽薮曰大野。""正西曰雍州，其泽薮曰弦蒲。""东北曰幽州，其泽薮曰奚（xī）养。""河内曰冀州，其泽薮曰杨纡。""正北曰并州，其泽薮曰昭余祁。"《周礼》写成于战国时期，但其中可能保留了更早时期甚至西周时

期的资料。其《职方氏》中的泽薮可能就是比战国时期更早的资料。《周礼译注》一书对九薮注释："……泽薮即大泽。具区，古泽薮名，亦称震泽，即今江苏太湖。其浸五湖，浸，指可资其泽灌溉的川泽。……五湖，非确指其五湖，而是泛指太湖流域一带的湖泊。……云梦，古泽薮名，在今湖北省潜江县西南。……圃田，古泽薮名，故址在今河南省中牟县西。……望诸，即孟诸，古泽薮名，在今河南商丘东北，虞城西北。金元以后，因屡被黄河冲决，遂埋废。……大野，古泽薮名，又称巨野泽，故址在今山东巨野县北。……弦蒲，古泽薮名，在今陕西陇县西。……猇养，古泽薮名，在今山东莱阳县东，久已埋废。……杨纡，古泽薮名，郑《注》曰：'所在未闻。'……昭余祁，古泽薮名，在今山西省祁县西南，介休县东北。唐宋以来已日见涸塞。"①

古代另一部著作《尔雅·释地》记载古代华夏大地有十个泽薮："鲁有大野，晋有大陆，秦有杨陓（yū），宋有孟诸，楚有云梦，吴越之间有具区，齐有海隅，燕有昭余祁，郑有圃田，周有焦护，

① 杨天宇撰：《周礼译注》，上海：上海古籍出版社，2004年版，第480—485页。

十薮。"《尔雅》写成于战国末年或秦初，但该书中可能保存了更早时期的资料。其中记载的泽薮显然就是春秋时期的资料。据《尔雅译注》一书的注释："大野，又称巨野，在山东省巨野县北。……大陆，在今河北任县东北，郭注：'今巨鹿北广阿泽是也。'……杨陓，又作阳纡、杨纡、阳华，一说在今陕西华阴东。……孟诸，又作孟猪、明都、盟诸、望都，在今河南商丘东北。……云梦，在今湖北潜江附近，郭注：'今南郡华容县东南巴丘湖是也。'……具区，太湖。……海隅，沿海地区，海滨，郝疏：'自登莱之黄县掖县以西，历青州之寿光乐安以东，及武定之海丰利津以北，延袤千余里间，皆海隅之地。'……昭余祁，又称大昭、昭余、九泽，在今山东（原文为山东，应为山西）祁县西南，介休东北。……圃田，在今中牟西。……焦护，在今陕西泾阳北，一说在今山西阳城的濩泽。薮，专指少水的泽地。上古有九薮之说，汉人增'周有焦护'，成'十薮'。"①

上引《周礼译注》和《尔雅译注》中所说的"郑

①　胡奇光、方环海撰：《尔雅译注》，上海：上海古籍出版社，2004年版，第251—253页。

注"，为东汉郑玄所注；"郭注"，是指晋代郭璞所注；"郝疏"，是指清代郝懿行所注。

《周礼·职方氏》是按照将华夏大地分为"九州"的理念，来表述华夏大地的地理情况，将每州各记一个泽薮，以"九薮"配九州。《尔雅·释地》原先也是"九薮"，到了汉代，则又加上一个泽薮，故形成十个泽薮。

古代文献记载的泽薮是一种怎样的水体？前引的《周礼译注》和《尔雅译注》二书的解释略有不同。《周礼译注》的解释是"泽薮即大泽"，《尔雅译注》的解释是："薮，专指少水的泽地"。实际上，早在唐代贾公彦为《周礼》注疏和宋代邢昺（bǐng）为《尔雅》注疏中，对"泽薮"的解释就已有所差异。贾公彦的解释是："大泽曰薮者，按泽，虞职，大泽大薮，注，水钟曰泽，水希曰薮，则泽、薮别矣。今此云大泽曰薮为一物，解之者但泽薮相因亦为一物，故云大泽曰薮。"[1]宋代邢昺解释为："（薮）《说文》云大泽也；《风俗通》云，薮，厚

---

① ［东汉］郑玄注，［唐］贾公彦疏：《周礼注疏》，载于《十三经注疏》，北京：中华书局，1977年影印版，第863页。

也，有草木鱼鳖，所以厚养人也"[1]。从今天的自然地理学角度而言，他们关于泽薮的解释，都不够准确。《周礼·职方氏》和《尔雅·释地》记载的九薮或十薮，基本上都是平原上的水体，因此，这些水体的深度，不如那些在构造断陷盆地中形成的湖泊（如青海湖等）那么深，多为浅水湖泊；再者，由于这些水体都处在我国东部季风区，降水的年内变化和年际变化都非常大，因而夏秋雨季水面大幅度增大，而冬春水面则大幅度缩小；多水年水面大幅度增大，而枯水年水面则大幅度缩小。因此，水体的周围，当有一圈很大面积的季节性被水淹的土地，其上会生长着芦苇等水生植物。而在其常年有水的水体中，则生存着鱼、虾、蟹等各种水生动物。或者是由若干个水体以及水体之间泥沼芦苇地等组合成的复合湿地。这就是古代文献记载的"泽薮"的特点。今天的河北省白洋淀（现属雄安新区）就符合古代文献记载的"泽薮"的特点。白洋淀包括若干个小湖，湖与湖之间由水道联通，水体之间丛丛芦苇，构成复杂的水网。

　　比较《周礼·职方氏》和《尔雅·释地》两部

---

① ［晋］郭璞注，［宋］邢昺疏：《尔雅注疏》，载于《十三经注疏》，北京：中华书局，1977年影印版，第2615页。

著作中所记的古代泽薮，可以看出，两部著作所记载的"泽薮"不仅数量有九和十的不同，两部著作中除了有几个泽薮的名称和位置相同，还有多个泽薮的名称和位置不同。这可能是由于两部著作写成的时代不同，所记载的是不同时代的泽薮，反映了泽薮发生的变化。其中有的泽薮东汉以后的诸多大学问家都闻所未闻，也说明此类泽薮可能早已消失。如《周礼·职方氏》中所记"河内曰冀州，其泽薮曰杨纡"。到东汉郑玄时就"所在未闻"，显然该泽薮很早就消失了，到东汉大学问家郑玄时，就根本没有听说该泽薮位于何处。再如《周礼·职方氏》记载的"东北曰幽州，其泽薮曰貕养"的"貕养"泽在什么地方，东汉时的郑玄未作注释，到唐代为《周礼》作注疏的贾公彦也未能作出明确的注释，而《周礼译注》的作者将其注释为位于山东莱阳县东。这一注释显然是不正确的。山东莱阳位于胶东丘陵，这里是一片丘陵山地，怎么会有面积很大的湖泊呢？但这一情况说明，位于幽州的"貕养"泽，可能很早就消失了，到了东汉时期的郑玄，已不知道其确切位置，故唐代的贾公彦就含糊地指出："貕养在长广者，长广县名，《地理志》长广属徐州琅琊，有莱山，周时幽州南侵徐州之地也。"①再如《周礼·职方氏》记载的"正西曰雍州，其泽薮曰弦蒲"，此泽薮的位置，晋代大学问家郭璞认为在泾水和汧（qiān）水之间，临近与渭河汇流处，而《周礼译注》作者认为该泽薮位于陕西陇县西。而《尔雅·释地》则记载"周有焦护"，不记载关中地区有弦蒲，意味在《尔雅》作者时，此"弦蒲"已消失。至于《尔雅·释地》记载的"周有焦护"，则此"焦护"应为西周时期关中的一个湖泊，位于泾阳县北，可是该书又记载"秦有杨陓"。但周和秦应属于两个不同时代。位于关中地区的周的焦护，应为西周时期，而秦则为春秋时期。而且，"杨陓"在何处，到了晋代大学问家郭璞注释为在陕西扶风汧县西。但《尔雅译注》作者则注释为"一说在今华阴县东"，可是《周礼·职方氏》则记冀州（今山西省南部）的泽薮为"杨纡"，到东汉郑玄时就已"所在未闻"，而《尔雅·释地》则记载"秦有杨陓"，将该湖记载位于关中地区。有关《周礼·职方氏》记载的冀州"杨纡"和《尔雅·释地》记载"秦有杨陓"的矛盾和混乱的情况，说明该湖可能很早就

---

①　[东汉] 郑玄注，[唐] 贾公彦疏：《周礼注疏》，载于《十三经注疏》，北京：中华书局，1977年影印版，第862页。

已消失，到了后来，人们已弄不清该湖到底位于哪里。至于《尔雅译注》作者将其注释为"一说在今华阴县东"，也是根据不足。因华阴县东即潼关，山地逼近渭河和黄河，平原面积很小，这一地形部位不可能有大的湖泊。总之，《周礼·职方氏》和《尔雅·释地》二书所记载的泽薮的不同和矛盾情况，说明早在秦汉时期以前，华夏大地上的湖泊就已发生很大变化。

2. 黄淮海平原湖泊的变迁

古代黄淮海平原湖泊很多，湖泊曾是黄淮海平原生态环境的最重要的组成部分。古代黄淮海平原湖泊之所以很多，主要是由两个原因形成的。一是黄淮海平原自新生代以来一直处于下沉运动中，导致地势低平，容易成为积水之地。二是因为黄淮海平原处于季风气候区，降水主要集中在夏秋之际，而且多暴雨，使黄河以及海河水系和淮河水系诸支流形成突发洪水，极易在大平原上泛滥，导致古代黄淮海平原湖泊沼泽广布。历史大平原上数量众多的湖泊对于调节洪水、蓄积水资源、维护大平原的生态环境乃至美化生态环境，曾起着重要作用。古代这里众多湖沼，还为麋鹿等动物提供了广阔的生存空间。历史上黄淮海平原上许多湖泊今天大多已消失。由于今天黄淮海平原面临严重的水资源短缺，地下水位大幅度下降，形成多个大面积的地下水漏斗，其最大地下水漏斗面积达8800多平方千米。因此，如何利用历史上的湖泊进行蓄洪以减轻突发洪水造成的灾害和进行生态恢复，就是一个很有意义的重要问题。

黄淮海平原最早见于文献记载的湖泊是《尔雅·释地》记载的四个泽薮，即大陆泽、圃田泽、大野泽和孟诸泽，都早已消失了，但它们消失的时间各不相同。

大陆泽，古代又称为巨鹿泽、钜鹿泽，在战国时期以前，是一个很大的湖泊。《禹贡》记载黄河"北过降水，至于大陆。又北播为九河，同为逆河，入于海"，此记载表明，在战国时期以前，大陆泽与黄河是相通的，由于有黄河之水的注入，还有从太行山流出的漳河等河流的注入，古代大陆泽为不规则长形，其轴呈南南西—北北东方向延伸，跨今河北省邢台市的隆尧、巨鹿、任县、平乡、南和、宁晋六县。战国时期以后，黄河由于筑堤，不再与大陆泽相通，大陆泽只接纳从太行山流出的包括漳河在内的几条河流，面积有所缩小。汉代以后又将其称为广阿泽，意味着其范围仍很大。到北魏时期，漳河则挟从太行山流出的几条河流北流，离大陆泽而去，大陆泽范围又有所缩小。到唐代时，大陆泽的水体仅剩下北部的一小部分，其范围南北长只有15千米。北宋大观二年（1108），黄河"北流"于邢州决口泻入大陆泽，湖泊面积有所扩大。明代，在原来大陆泽的位置，形成了两个湖泊，南面的仍称大陆泽，北面的称宁晋泊。南面的大陆泽位于任县和隆尧之间，北面的宁晋泊位于宁晋和新县之间。二湖自18世纪中期开始逐渐缩小，至20世纪初水体消失，但由于地势低洼，常有内涝积水。1969年，国家从根治海河，保障下游天津安全出发，大致以古大陆泽（即大陆泽和宁晋泊）的范围，又称滏阳河中游洼地，辟为大陆泽、宁晋泊蓄滞洪区。

位于河南中牟县西的圃田泽，据《水经注》[①]卷二十二《渠水》记载，其范围"东极官渡，北佩渠水，东西四十许里，南北二十许里，中有沙岗，上下二十四浦，津流迳通。渊潭相接，各有名焉。有大渐、小渐，大灰、小灰……"这一记载表明，圃田泽是若干个小湖沼的总称。到唐代，其面积仍很大，据

① 本书所引《水经注》，均为杨守敬、熊会贞疏，段熙仲点校，陈桥驿复校：《水经注疏》，南京：江苏古籍出版社，1989年版。

唐代李吉甫编撰的《元和郡县图志》卷八《郑州》"中牟县"下记载："圃田泽……其泽东西五十里，南北二十六里……又溢而北流，为二十四陂，小鹄、大鹄、小斩、大斩、小灰、大灰之类是也。"至北宋乐史所编《太平寰宇记》记载的圃田泽范围与《元和郡县图志》相同。至清代初期，圃田泽的范围有所缩小，有泽陂十个。此后逐渐缩小而消失。

大野泽，又称巨野泽、钜野泽，曾是鲁西地区一个大泽数。《水经注》记载大野泽为若干个小湖沼的总称，包括濛淀、育陂、黄湖和薛训渚等小湖沼。唐代《元和郡县图志》记载："大野泽，一名钜野……南北三百里。东西百余里。"此时的大野泽为南北长条形湖泊，这一南北长条形延伸的形态，显然是沿黄河冲积扇东缘洼地分布的特点，此时的大野泽也可能是若干水体的总称。北宋时期，大野泽的南部向北退缩，而北部则向北扩展，将梁山包括在内，称为梁山泊。南宋高宗建炎二年（1128），黄河南徙，梁山泊逐渐被淤而消失。

古代的孟诸泽位于河南商丘东北，又称望诸泽，到唐代，据《元和郡县图志》记载，还"周回五十里"，可以想见在上古时期，该泽范围也很大。南宋初年黄河南徙后被淤塞。

古代黄淮海平原上的湖泊之所以变化很大，主要有三个原因。一是流经黄淮海平原的河流，如黄河和海河的诸多支流，含沙量都较高。特别是黄河，含沙量极高，不仅淤积河道本身，使河床淤高成为地上河，更使河流频繁改道和泛滥，或沿太行山东侧经今天津入海，或向南夺淮河入海。特别是公元1128年以后，黄河长期南徙，时而直奔鲁西，经泗水河道夺淮河下游河道入海，或沿涡河等淮河支流入淮河中游河道入海，横扫鲁西和豫东平原，对黄淮海平原南部地区湖泊的变迁有着极大影响。导致黄淮海平原湖泊变迁很大的另一个原因是人类的活动。黄淮海平原在历史上是我国重要经济区，人口相对密集，土地垦殖率很高，许多湖泊被逐渐围垦，面积逐渐缩小乃至消失。特别是明清以来，人类的围垦导致湖泊面积缩小和消失的情况尤为突出。还有一个原因就是气候变化。历史进入全新世晚期，即大致在最近3000年以来，黄河流域气候趋于干旱化，降水减少，导致一些湖泊面积缩小甚至干涸。但气候变化与前两个因素相比，其影响要小得多。

古代黄淮海平原除了上述四个大的湖沼，还有众多较小的湖泊，大致可分为六种类型：构造洼地型、山前泉水溢出形成的湖泊、冲积扇前缘洼地型、河间低地和沿河洼地型、混合型（由多种因素形成）、滨海洼地型等。

黄淮海平原虽然自新生代以来就一直处在下沉之中，但由于沉降速度存在区域差异，有的地方沉降速度较快，有的地方沉降速度相对较慢，于是形成相对凹陷和相对隆起的地段。

20世纪后期以来对黄淮海平原进行多次大地水准测量结果的比较研究表明，黄淮海平原今天仍存在地壳区域差异性升降运动，尽管其数量级很小，一年只有1毫米或2毫米，但其对地理环境现代过程的影响还是很大的。那些因地壳相对凹陷运动形成的地势相对较低洼的区域，称构造洼地，容易积水形成湖泊，而且在这些由地壳相对沉降运动形成的洼地，据史载形成的湖泊面积一般都较大。古代的大陆泽，就是位于这样由构造相对沉降运动形成的洼地。实际上，大陆泽所处的区域地貌还有一个特点，就是这里是几条从太行山流出的河流形成的山前冲积扇的前缘洼地。大陆泽的东面，曾经是黄河古河道，这种地貌对大陆泽的形成也有一定作用，但地壳的相对沉降运动则是导致大陆泽形成的主要因素。

从白洋淀经雄县、霸州到天津，南面到文安县和大城县的这一地带，也是一个地壳运动相对沉降地带，在地形上一直是地势低洼地带。尽管在这个低洼地带的北面有永定河冲积扇，南面有滹沱河冲积扇，两个冲积扇对这一低洼地带的形成起着很大作用，但地壳的构造沉降作用对于这一低洼地带的形成起着决定性的基础作用。历史上，永定河、巨马河、易水、唐河、猪龙河、滹沱河等诸多河流都曾向这一低洼地带汇流。特别是位于这一低洼地带东部的天津市，自第四纪以来就是黄淮海平原北部海河流域的沉降中心，有"九河下梢"之称，不仅海河诸支流在此汇聚入海，古代黄河也曾在此入海。自白洋淀至天津这一地势低洼地带也为历史上一系列湖泊的形成提供了基础条件。这个低洼地带又可分为两个部分：西部大致为雄县向西至白洋淀的西缘，东部为霸州向东到天津。这两个部分为这一低洼地带中的洼地。东部的那部分，早在历史早期，即全新世大暖期，由于海进而成为渤海的一部分；而西部那部分，在历史早期就曾是一个面积很大的湖泊，可称为古白洋淀。可能在春秋战国时期甚至更早，由于气候趋于干冷，发生海退，曾是渤海一部分的东部，形成雍奴薮，西部的大湖面积也有所缩小。在北宋早期，在从白洋淀到天津的这一低洼地带就存在十多个小湖泊，其中就有白洋淀。北宋为了防御辽军的进攻，通过多种水利措施，不仅将原先存在的十多个小湖泊联通起来，还扩大水域面积，形成西至今白洋淀、东至今天津的"塘泺"带。所谓"塘泺"带，是由河网、沟壕、水田、淀泊组成的"屈曲九百里，深不可舟行，浅不可徒涉"的沿宋辽边界地带延伸的湖沼群，又被称为"塘泊防线""水长城"。北宋末年以后，这片连续数百里的水域，逐渐被淤塞解体。在西部，形成白洋淀，此时的白洋淀面积很大。在东部，形成三角淀、胜芳淀、文安洼等洼淀。东部的胜芳淀、文安洼又被称为东淀，西部的白洋淀又被称为西淀。三角淀位于今天津西侧，明代和清代前期，其范围最大，清代后期至民国时期，逐渐被永定河等淤浅缩小以及被围垦而消失。胜芳淀和文安洼也在清末和民国时期因干涸而消失。天津历史上有众多湖泊，有"七十二沽"之称。这些湖沼的形成，也都与地壳的相对沉降形成的地势低洼有关。

开封地区也是一个地壳运动相对沉降地区。20

世纪后期以来，通过对大地水准测量进行的地形变化研究表明，现代开封地区仍处于相对沉降状态。古代开封地区地势低洼，有多个湖泊，其中位于开封西面中牟县西的古圃田泽的形成，可能与此有关。再如《水经注》卷二十二《渠水》记载大梁（位于今开封）"其国多池沼"，还记载这里地形下湿："汉文帝封孝王于梁，孝王以土地下湿，东都睢阳。"汉朝时，最初封孝王于梁（今开封），因该地低洼下湿，孝王将其政治中心从大梁迁移到睢阳。《水经注·渠水》还记载大梁地区的另外一些湖泊：博狼泽，在大梁城北面，此为张良击杀秦始皇未遂之地。在大梁城西面有圣女陂，"陂周二百余步，水无耗竭，湛然清满"。在大梁城南，吹台之侧有牧泽，还有蔺蒲，蔺蒲"衿带牧泽，方一十五里，俗谓之蒲关泽"。在大梁城东，有逢池、百尺陂。此外，还有春秋时诸侯会盟之地的泗水支流黄沟水源头的黄池（《水经注》卷二十五《泗水注》）。开封地区古代之所以被《水经注》作者郦道元称为"其地下湿"，"多池沼"，主要是因为开封处在地壳构造运动的相对沉降区。至于今天开封城市地势四周高，而城区地势低洼，有如锅底，雨水不能外泄，在城中形成湖泊，主要是由于明清时期黄河在开封地区频繁决溢，在开封古城周围淤积，将古城周围地势淤积变高的缘故。

古代济水末端在鲁北溢出形成的湖泊"平州坑（kēng）"，也属于构造洼地型湖泊："济水又东北，迤为渊渚，谓之平州坑。"（《水经注》卷八《济水》）此湖位于今博兴县境，小清河下游，今鲁北小清河即古代济水河道。

由山前泉水汇注形成的湖泊，是黄淮海平原上一个重要湖泊类型。如《水经注》卷十三《漯水》记载古代蓟城（今北京西南部）的西湖，即今天北京西客站南面的莲花池："湖东西二里，南北三里，盖燕之旧池也。绿水澄澹，川亭望远，亦为游瞩之胜所也。"再如卷九记载在共县故城西北十千米的重门城南面和东面的几个湖泊："城南有安阳陂，次东，又得卓水陂，次东，有百门陂，陂方五百步，在共县故城西。"百门陂，今称百泉湖，位于河南省新乡市辉县。共县，即今新乡市辉县。该陂既是一个可供灌溉的重要水利工程，又是一处风景名胜和文化古迹，有众多古代名人在此留下诗篇。济南的大明湖亦属此类湖："济水又东北，泺水入焉。水出历城县故城西南……其水北为大明湖。"（《水经注》卷八）"历城"，即今济南市。大明湖是今济南的著名景点。

冲积扇前缘洼地型湖泊，在《水经注》中记载很多。黄淮海平原上的较大冲积扇，要属黄河冲积扇，还有永定河冲积扇也很大。黄河和从太行山及燕山山地中流出的海河水系诸河流，携带的大量泥沙，沉积形成冲积扇。其中黄河冲积扇最大，其东缘在鲁西平原。古代永定河冲积扇也很大，其东缘在通州。其他一些河流形成的冲积扇相对较小。无论其面积很大或很小的冲积扇，其前缘地势都较低洼，容易形成湖泊。这一地形部位形成的湖泊，或由河流汇聚形成，或由泉水出露而形成。如古代的大野泽（巨野泽）、孟诸泽等，是在鲁西豫东平原上的黄河冲积扇东缘。古代位于黄河冲积扇东缘的还有雷夏泽。雷夏泽，又称雷泽，有"舜渔于雷泽"之说，此雷泽在北魏郦道元时，据《水经注》卷二十四《瓠子河注》记载"其陂东西二十余里，南北一十五里"，雷夏泽后来因黄河淤积而干涸。雷夏泽也可能是在位于冲积扇前缘的一条古河道的基础上形成的。

辽代著名的延芳淀，是辽代晚期帝王常在冬季来此"冬捺钵"，即冬季辽朝帝王与大臣们在此聚会、狩猎、习武和商议国事之处。延芳淀位于今北京市的东南方，是永定河冲积扇的前缘。延芳淀后来逐渐缩小，到明清时期即缩小为南苑地区的南海子。再如《水经注》卷十一《圣水》记载的良乡东"渚方一十五里"的鸣泽渚及之后的西淀，"圣水又东南流，右会清淀水，水发西淀"。此西淀，是典型的山前冲积扇前缘泉水涌出形成的湖泊。再如该卷《巨马河》记载的长潭："涞水上承故渎于（遒）县北垂，重源再发，结为长潭，潭广百许步，长数百步，左右翼带涓流，控引众水，自成渊渚。"长潭大致位于今河北省固安县。又有督亢泽，也称督亢陂，战国时期燕国太子丹派荆轲以献督亢地图为名刺杀秦始皇，"图穷匕首见"的"图"即督亢地图，此督亢泽位于今涿州东。又有"护陂"："巨马河又东南迳益昌县，护淀水右注之，水上承护陂于临乡县故城西。"此"护陂"也应是典型的山前冲积扇前缘泉水涌出形成的湖泊。《水经注》卷九《洹水》记载洹水在流出山口后，潜入地下，再从地下涌出形成湖泊，称柳渚："其水东流至谷口，潜入地下，东北一十里，复出，名柳渚，渚周围四五里，是黄华水重源再发也。"

扇前洼地型湖泊的另一种类型是由大河溢流或

大河分支流在冲积扇前缘地带形成的湖泊。如《水经注》卷九《洹水》记载洹水在邺城附近分为二水后，其南支流"又东迳鸬鹚陂，北与台陂水合，陂东西三十里……"。该鸬鹚陂到唐代仍有很大面积，据《元和郡县图志》卷十六《河北道一·相州》"洹水县"记载："鸬鹚陂，在县西南五里。周回八十里，蒲鱼之利，州境所资。"这里的鸬鹚陂与台陂，可能都是山前冲积扇前缘洼地型湖泊。再如卷十《浊漳水》记载漳水在邯郸东形成的鸡泽："又东，故渎出焉。一水东为泽渚，曲梁县之鸡泽也。……东北通澄湖。"此鸡泽位于今邯郸东面永年县广府镇，今称永年洼，但面积与古代鸡泽相比，已大大缩小。

在今雄安新区，古代亦有若干冲积扇前缘洼地型湖泊。如《水经注》卷十一《易水》："易水又东，埿水注之。水上承二陂于容城县东南，谓之大埿淀、小埿淀，其水东南流注易水。"卷十一《滱水》记载滱水支流博水流出山前地带："又东迳阳城县，散为泽渚，渚水潴涨，方广数里，匪直蒲筍是丰，实亦偏饶菱藕……世谓之阳城淀也。"滱水即今唐河，但今唐河下游河道与《水经注》所记有很大变化。这里的大埿淀、小埿淀和阳城淀都位于雄安新区范围，虽然这些湖沼今天都已消失，但这些湖沼所处地形部位相对低洼，对于今天雄安新区生态建设有一定意义。再如卷十四《鲍邱水》记载："鲍邱水又东南入夏泽，泽南纡曲渚一十余里，北佩谦泽，眇望无垠也。"此夏泽位于北京市东面三河县西，也是山前冲积扇前缘洼地上湖泊。

在黄淮海平原南部，汝河和颍河在流出豫西山地后，在山前地带冲积扇前缘形成湖泊。如《水经注》卷二十一记载汝水在流经郏（jiá）县后，"汝水又东南流，与白沟水合，水出夏亭城西，又南迳龙城西，城西北即摩陂也，纵广可一十五里"，摩陂位于郏县东南。汝水在流过定陵县故城北之后，又有一系列湖泊："汝水又东南，迳定陵县故城北……水右则滍水左入焉，左则百尺沟出矣。……沟之东有澄潭，号曰龙渊，在汝北四里许，南北百步，东西二百步，水至清深，常不耗竭，佳饶鱼笱，湖溢，则东注潕水矣。"此澄潭，位于襄城南，应是位于冲积扇前缘洼地，因有地下水补给，故能"水至清深，常不耗竭"，因而又被称为龙渊，由于处在冲积扇前缘，地势低洼，故颍水和汝水在这里能互通。接着，《水经注》又记载："汝水又东，迳悬瓠城北……城之西北，汝水别出，西北流，又屈西东转，又西南会汝，形若垂瓠。……其城上西北隅……下际水湄，降眺栗渚。"汝水在这里不仅有一个分支流，呈弧形，又流入汝水中，还形成一个栗渚，表明这里地势低洼，当为冲积扇前缘洼地。这里应是汝河和颍河共同形成的冲积扇前缘洼地。《水经注》接着又记载："汝水又东南，㶏水注之。水首受慎水于慎阳县故城南陂，陂水两分，一水自陂北，绕慎阳城四周城堑……堑水又自渎东北流，注北陂；一水自陂东北流，积为同陂，陂水又东北，又结而为陂，世谓之窖陂。陂水上承慎阳县北陂，东北流，积而为土陂，陂水又东为窖陂。陂水又东南流，注壁陂。陂水又东北为太陂。陂水又东，入汝。"这一连串陂淀，位于驻马店东南，正阳之北，新蔡西面。今南汝水在这里形成极为发育的河曲，表明这里是一片低洼地带。卷二十二记载颍水在流过许昌后，"颍水又东南流，迳青陵亭城北。北对青陵陂，陂纵广二十里，颍水迳其北，枝入为陂。陂西则潩水注之，水出襄城县之邑城下，东流注于陂。陂水又东，入临颍县之狼陂"。此青陵陂和狼陂，显然是河间低地。颍水曾有一条已经干涸的支流，其故道中有一泉水流出，该泉水流经阳翟县钧台，"水积为陂，陂方十里，俗谓之钧台陂……又西南流迳夏亭城西，又屈而东南，为郏之摩陂"。此摩陂即前面汝水接纳的白沟水流经的摩陂，表明颍水曾有分支流流入汝水。这里，颍水不仅有一系列湖泊，还有分支流曾流入汝水，表明这里是一片低洼之地，这片低洼地当为颍水与汝水共同形成的冲积扇前缘洼地。同卷又记载沙水："又东南迳陈城北，故陈国也。……城之东门内有池，池水东西七十步，南北八十许步，水至清而不耗竭，不生鱼草。"陈城即今淮阳县城，该县城东侧今仍有湖。沙水流经陈城东后，"谷水注之，水上承涝陂，陂在陈城西北，南暨荦（luò）城，皆为陂矣"。此记载表明，古代在陈城（今淮阳）周围，湖泊很多，这与其所处地形部位为古黄河冲积扇前缘洼地有关。同卷又记载沙水在陈城东积水为湖："沙水又东，积而为陂，谓之阳都陂。"该陂位于鹿邑县南。又记载颍水在"迳项县故城北……颍水又东，右合谷水，是上承平乡诸陂"。此平乡诸陂，位于项城县西北，这里有多个陂淀。古代陈城周围的众多湖泊以及其东面的阳都陂和其南面的平乡诸陂，为一组湖群，这里应是古黄河冲积扇前缘洼地。《水经注》卷二十二记载洧水在新郑之东"洧水又东为洧渊水"，此渊又被称为潭，显然是积水较深的小湖，按这里所处地形部位，当是新郑西面的具茨山山前冲积扇前缘洼地。同卷又记载洧水在长社县接纳的龙渊水："洧水又东南与龙渊水合，水出长社县西北，有故沟，上承洧水，水盛则通注龙渊，水减则津渠辍流。其渎中瀄泉，南注东转为渊，渌水平潭，清洁澄深，俯视游鱼，类石乘空矣，所谓渊无潜鳞也。"此龙渊水，实际上是洧水分流出去的一个分支流，该分支流的河道中有一瀄泉，此泉水又流注一清洁澄深的渊潭，这一水文特点，当是位于冲积扇前缘洼地的水文特点。长社县即位于今长葛县。接着《水经注》又记载："洧水又东，鄢陵陂水注之，水出鄢陵南陂东，西南流注于洧水也。"此鄢陵南陂，似乎是一个无源流之陂，当为冲积扇前缘洼地地下水形成的陂淀。同卷又记载溃水："东南迳长社县故城西北……又东南迳宛亭西……溃水又南分为二水。一水南出迳胡城东，故颍阴县之狐人亭也。其水南结为陂，谓之胡城陂。溃水自枝渠东迳曲强城东，皇陂水注之……皇陂即古长社县之浊泽也。"胡城陂与皇陂，分别位于长葛县西南和西面，此二陂亦是属于冲积扇前缘洼地型湖泊。溃水在流经许昌城后，"溃水又东南，与宣梁陂水合。

陂水上承狼陂……陂南北二十里，东西十里"。此宣梁陂和狼陂，都属于冲积扇前缘洼地型湖泊。

河间洼地和沿河洼地型湖泊，是古代在黄淮海平原数量甚多的一类湖泊，主要是由于黄淮海平原地势低平，再加上黄河以及海河水系诸支流和淮河水系诸支流在历史时期频繁决溢和改道，在大平原上形成许多低洼地。在这些低洼地上，或积水形成湖泊，或有河流将湖泊串联。此类湖泊面积相对较小，但数量很多，对于调节河水径流、蓄洪减灾、补给地下水等方面起着很重要的作用。此类湖泊很容易被淤塞，也很容易被人们围垦，所以，历史时期，此类湖泊变化也很大。此类湖泊可以分为黄淮海平原北部的海河流域和南部的淮河流域两个区域。北部区域在北宋以前，因黄河主要是在这一区域决溢改道，对此类湖泊的变迁影响很大。南部地区在北宋以前，因黄河很少在这一地区决溢改道，对此类湖泊的变迁影响较小。因此，北宋以前，南部地区此类湖泊的分布更多地反映早期这部分平原的地貌和水文状况，而南宋以后，因黄河河道南徙夺淮河河道入海，而且黄河经常改道摆动，横扫豫东和鲁西平原，使这一地区的此类湖泊变化很大。

河间洼地和沿河洼地类型湖泊，《水经注》记载甚多。如卷十记载衡水及其分支流就有博广池、扶泽、泜（zhī）湖、阳縻渊、武强渊、郎君湖、张平泽、从陂等。这些湖泊，由于黄河和漳河等河流泛滥和改道，而逐渐被淤废。

黄淮海平原南部的河南省东部平原和安徽的淮北地区，古代河间洼地和沿河洼地类湖泊也很多。《水经注》卷二十一记载汝水及其支流的湖泊有葛陂、三丈陂（鲖陂）、北青陂、青陂、慎陂、马城陂、绸陂、墙陂、壁陂、青陂。卷二十二记载沙水及其支流的湖泊有野兔陂、制泽、白雁陂、染泽陂、蔡泽陂、长乐厩（jiù）、次塘（细陂）、大漷陂、江陂。这些陂淀和分支流，在项城以下形成蛛网般的河网，表明在南宋黄河南徙夺淮入海以前的古代，项城以下的地貌为起伏很小的平原。卷二十二还记载洧水及其支流沿河的湖泊有濩陂、鸭子陂，洧水南迳新汲县故城东，又南积而为陂。洧水沿河的这些陂淀，大多是洧水向两侧溢流形成，表明其两侧地势低洼，应为河间低洼地。卷二十三记载涡水的支流北肥水沿河的泽薮有："涡水又东，左合北肥水，肥水出山桑县西北泽薮。……北肥水又东，积而为陂，谓之瑕（xiá）陂。"卷二十三记获水（狌水）沿河的陂淀有蒙泽和位于虞城东南的空桐泽，雅水的支流谷水"上承砀陂"，雅水另一支流净净沟水"上承梧桐陂"，"雅水自净净沟东，迳阿育王寺北……与安陂水合，水上承安陂"。卷二十四记载睢水沿河湖泊有白羊陂，睢水在睢阳城之阳"积而逢洪陂。陂之西南有陂，又东合明水。水上承南大池，池周千步，南流会睢，谓之明水"。"睢水又东南迳竹县故城南……睢水又东与潭湖水合，水上承甾丘县之渒陂，南北百余里，东西四十里"。睢水经符离县后，接纳支流乌慈水，"水出县西南乌慈渚"。睢水又接纳支流潼水故渎，"旧上承潼县西南潼陂"。此外，还有泗水支流黄沟水上源的大莿（jì）陂（《水经注》卷二十五《泗水注》），该陂位于兰考县。

古代位于郑州西北面的荥泽，也应属于河间洼地型湖泊。《水经注》卷七《济水》记荥泽，为黄河"南泆（yì）为荥泽"。荥泽右面则是广武山，则该湖是位于黄河与广武山之间的洼地，由黄河之水溢出而成。

古代黄河下游分支流的濮水，沿河也有许多湖泊。如《水经注》卷八记载濮水沿河有同池陂、阳清湖（燕城湖）、惠泽、长罗泽。这些湖泊，大致位于今黄河河道及其两侧地带。

鲁西和鲁西南的山前平原低洼地带，既是地质构造上的沉降地带，也是从鲁中山地中流出的大汶河、泗水等河流的冲积扇前缘。古代济水也在这里溢出形成湖泊，称湄湖："济水右迤，遏为湄湖，方四十余里。"（《水经注》卷八《济水二》）南宋初年（1128）黄河南徙被淤塞，该湖位于今长清县。在此冲积扇前缘洼地的湖泊还有泗水流经的沛泽，以及汉高祖刘邦起事之初躲藏的丰西泽。这些湖泊，在公元1128年黄河南徙后逐渐被淤废。此后，随着元明清时期大运河的开通，在鲁西和鲁西南建蓄水柜，加上黄河频繁决溢对鲁西和鲁西南地区的冲淤，逐渐形成呈南北展布的微山湖、独山湖、蜀山湖和东平湖诸湖。这些湖泊的形成，既与地质构造有关，也与黄河有关，还与为维护运河通航巧妙利用自然环境特点的一系列水利工程措施有关。

　　滨海地带湖泊也是黄淮海平原湖泊的很重要的一组类型，分布在环渤海的滨海平原地带。在全新世中期，全球气候温暖，海平面较今天高，海岸线较今天深入内陆。随着全球气候转冷，海平面下降，海岸线后退，形成滨海洼地。这些洼地，或由河流注入形成湖泊，或与海水相通形成泻湖。古代位于天津西面和北面的雍奴薮，就是典型的滨海型湖泊。《水经注》卷十四《鲍邱水》记载雍奴薮："南极滹沱，西至泉州、雍奴，东极于海，谓之雍奴薮。其泽野有九十九淀，枝流条分，往往迳通。"虽然雍奴薮所在地区属于地壳沉降形成的洼地，但它的形成主要与海退有关。雍奴薮后来进一步被淤塞分隔，其西南部后来成为元明清时期的三角淀，其东北部后来成为七里海。七里海虽然后来面积有所缩小，但今天仍是天津市宁河区的重要湿地。再如《水经注》卷十记载，清河与漳河汇合后，在章武县故城西分为二支，其一支在平房城东"积而为淀"；另一支继续向东北，又分为二支，其一支"右出为淀"。这两处淀泊，可能就是今天河北省南大港和天津市大港两处湿地的先身。《水经注》还记载古代在鲁北平原也有许多滨海型湖泊。在今东营市广饶县东北部，古代曾有一个很大的湖泊，称巨淀湖，又称钜淀湖（《水经注》卷二十六《巨洋水》）。巨淀湖在历史上曾是一个很重要的湖泊，汉武帝曾来此湖畔亲自耕田。迄今在广饶县东北部古巨淀湖周围，还有如码头等明代地名，距今海岸线十多千米，表明该湖在明代曾有很大范围，并且曾与海相通，船舶在此停泊。《水经注》记载的巨洋水，今称弥河。同卷又记载白狼水在今潍坊市北面滨海地带："西入别画湖，亦曰朕怀湖。湖东西二十里，南北三十里，东北入海。"同卷又记载淄水在入海前形成两个湖泊，即马车渎和皮丘坑："淄水入马车渎，乱流东北，迳琅槐故城南……与时、渑之水，互受通称……又东北至皮丘坑入于海。"同卷又记载胶水下游："左为泽渚……谓之夷安潭，潭周四十里，亦潍水枝津之所注也。"该泽位于昌邑之东的潍水和胶水之间，潍水和胶水各有分支流流入该湖。夷安潭曾是鲁北平原上的一个重要滨海湖泊。鲁北平原上的这些滨海型湖泊，都早已消失。

3. 罗布泊与居延海的变迁

位于贺兰山以西的我国西北干旱区，历史上曾有许多湖泊现都已消失。其中最著名的有两个湖泊，即罗布泊和居延海。

（1）罗布泊

罗布泊位于新疆塔里木盆地东端，曾是一个很大的内陆湖，后来逐渐萎缩，今天已完全干涸，留下了一道道影痕，在卫星图像上颇似人的耳朵，被称为"中国之耳"。

自第三纪末以来，塔里木盆地西部抬升，而东部的罗布泊所在地区则下降成为盆地的最低处和最终汇水、集盐之区。第四纪以来，罗布泊在位置、范围面积和轮廓形状诸方面经历很多变化。导致其变化的因素主要有全球气候变化、地壳构造运动及塔里木河下游河道变迁。

早更新世至中更新世早、中期，气候相对较湿润，罗布泊曾是一个大湖，湖泊面积达到历史最大时，其东达阿其克谷地，北抵库鲁克塔格山南侧，面积超过10000平方千米，湖水曾为淡水。

中更新世末期，由于地壳构造运动，罗布泊北部大部分抬升露出水面，那些露出水面的地面，后来受到风力等外力作用，形成今日的雅丹地貌。同时，北部还分隔出次级盆地并开始进入盐湖环境。晚更新世，气候环境进一步趋向干旱化，湖泊范围逐渐缩小。进入全新世时期，又经历许多变化。

进入人类历史时期，罗布泊地区位于中原与塔里木盆地交通的通道上，因此，罗布泊很早就受到关注。最早的文献《山海经》记载罗布泊，称之为泑（yōu）泽。汉代张骞通西域后，罗布泊和楼兰地区是丝绸之路重要枢纽，备受关注。

《汉书·西域传》记载塔里木盆地大河："东注蒲昌海。蒲昌海，一名盐泽者也，去玉门、阳关三百余里，广袤三百里。其水亭居，冬夏不增不减，皆以为潜行地下，南出于积石，为中国河云。"这一记载很有意思。古代人们对于滔滔的塔里木河流到这里后，湖水不增不减感到很不理解，不知道河水到哪里去了，故推想出是通过地下潜流，然后流出地表，成为黄河之源。这就是历史上非常著名的黄河"重源潜流说"。这一说法在中国历史上曾产生过深远影响。

北魏郦道元《水经注》对罗布泊记载较详细，书中载其有蒲昌海、盐泽、牢兰海等名称，又记载该湖位于"龙城之西南"。

《汉书·西域传》和《水经注》记载的蒲昌海位置，反映的是公元6世纪以前罗布泊的位置，位于楼兰古城东面。

唐代文献，包括敦煌藏经洞出土的几部唐代地志对蒲昌海的记述表明，作为塔里木河终端湖，其位置已发生变化，位于今若羌的北面，即位于后来的喀拉库顺湖的位置。

罗布泊在清代被称为"罗布淖尔"，"淖尔"即蒙古语湖泊之意。清代咸丰时期（1851—1861），清朝官员对丝路南道进行考察，并对塔里木河终端湖的位置有具体的观察，其有关内容被光绪年间陶保廉所著《辛卯侍行记》一书所收载。据该书记载，若羌北面有"黑泥海子"等几个小湖，并记载位于若羌北面的小湖又被称为罗布淖尔，还记载其轮廓和范围："罗布淖尔水涨时，东西长八九十里，南北宽二三里，或一二里及数十丈不等。"这是对塔里木河终端湖位置、轮廓形状和范围的最早的明确而具体的观察。"黑泥海子"即喀拉库顺湖的汉译名称。

此后，俄国人普尔热瓦尔斯基于1876年来到塔里木河下游，对罗布泊进行考察，并将考察结果报道于世。他报道塔里木河终端湖位于阿尔金山北侧、若羌的东北，该终端湖名为喀拉库顺湖，又名罗布。他的报道发布后，德国地理学家李希霍芬立即提出异议，李希霍芬称普氏将罗布泊的位置搞错了。李氏根据《大清一统舆图》，指出罗布泊的位置应在普氏所说的罗布泊偏北一个纬度。此二人的争论，引起了当时国际地理学界对罗布泊的广泛关注。后来俄国地理学家佩夫佐夫于1889—1891年考察了塔里木盆地，对塔里木河下游河湖水系进行了详细考察，确认普氏所说罗布泊位置没有错，即阿尔金山北侧的喀拉库顺湖。

再后来，瑞典地理学家斯文·赫定于1899—1901年对塔里木河下游河道和湖泊进行详细考察和测量。

根据他绘制的地图，塔里木河终端湖也为喀拉库顺湖。此次考察，斯文·赫定提出"游移湖说"，认为塔里木河终端湖的位置由楼兰城遗址东侧变迁到喀拉库顺湖的位置，是由于风蚀作用使喀拉库顺湖的位置变低，使湖泊发生游移，并认为风蚀作用又把位于楼兰城东侧的干湖床吹蚀变低，塔里木河终端湖还会从喀拉库顺湖的位置游移回来。

1921年塔里木河下游改道，由原先向南流改为向东流，沿库鲁克塔格山南侧"干河"或"沙河"东流，并在楼兰城遗址东面形成新湖泊。此后，我国地理学家陈宗器于1930—1931年作为中瑞西北科学考察团成员，于1934年参加铁道部考察队，对罗布泊地区进行两次考察并测绘。根据他所绘地图，新罗布泊位于楼兰城遗址东侧，而喀拉库顺湖已干涸。但塔里木河终端湖位置的这一变化，并不是斯文·赫定所说的湖泊发生"游移"，而是由于塔里木河河道变迁，使其终端湖位置发生变化（见图5-1）。

1952年，人为将塔里木河下游改道，由原先向东沿库鲁克塔格山南侧向东流改转为南流向若羌。于是位于楼兰城遗址东面的罗布泊完全干涸，而在若羌北面形成塔里木河新的终端湖，名为台特玛湖。20世纪60年代至70年代初，人们在塔里木河下游铁干里克附近建造了一座人工水库，称大西海子水库，截断了塔里木河，也致台特玛湖完全干涸。由于塔里木河下游这一段河道两侧，原来有塔里木河水滋润，生长着胡杨林，被称为绿色走廊，是联系塔里木盆地南北的通道。塔里木河下游断流后，河流两侧胡杨林大片枯死，这条绿色走廊逐渐受到流沙的威胁。21世纪初，国家拨巨款进行塔里木河治理，塔里木河下游有一定水量，从前的终端湖——台特玛湖又湖水充盈，生机盎然，绿色走廊又恢复生机。

图5-1　干涸的罗布泊北侧的雅丹地貌。在几十万年前的地质历史时期，罗布泊曾经是一个面积很大的湖泊，此处的雅丹地貌曾经是罗布泊的湖床，因地壳运动抬升和气候趋于更加干旱，湖泊面积缩小，湖水从这里退出，此处暴露，在被常年的强劲风力吹蚀作用下，原先沉积形成的地面，很大部分泥沙等物质被吹走，残存下来的土质形成这种地形，被称为"雅丹"地貌。"雅丹"为维吾尔语，意思是侧壁陡立的地形。在其陡立的侧壁上，还能清楚看到湖泊沉积形成的水平地层。（2001年11月摄）

在漫长的地质历史时期中，罗布泊还积淀了丰富的盐类。20世纪末，我国科学工作者在罗布泊干湖床北部发现了超大型钾盐矿床。2000年9月，新疆罗布泊钾盐有限责任公司成立，现在罗布泊已是世界上年产量最高的钾肥生产地。2002年4月4日，在"中国之耳"北部设立了罗布泊镇。

（2）居延海

居延海位于内蒙古自治区最西部阿拉善盟额济纳旗北部，发源于祁连山地流经张掖的黑河尾闾。黑河下游在额济纳旗境内又称额济纳河，额济纳为蒙语，意为母亲。黑河古代又称弱水，流出祁连山向北穿越河西走廊，又穿越巴丹吉林大沙漠，注入居延海中，形成一条南北方向贯通大沙漠的绿色走廊带。历史上，这条绿色走廊带，一方面是沟通蒙古高原与青藏高原的重要通道；另一方面，居延海在古代还是联系中原地区经河套地区到西域的交通通道的枢纽。居延海又因在这里有汉代的居延古城和西夏至元代时期的黑水城，以及发现大量居延汉简和西夏文书而著称于世。

居延海位于西北—东南走向的中生代—新生代构造断陷盆地。在史前时期乃至最近两千年以来，居延海在范围、位置和轮廓诸方面都经历了很多变化。地壳的构造运动、气候变化是史前时期影响居延海变化的主要因素，而最近两千年来影响居延海变化的主要因素是黑河下游河道变迁和人类活动。

居延海盆地由两大湖盆组成。位于额济纳旗政府所在地达来呼布镇东部的部分可称为古居延泽湖盆，位于达来呼布镇西北面的部分可称之为居延海湖盆。位于东部的古居延泽湖盆和位于西北部的居延海湖盆各自又可再分为两部分。其中位于达来呼布镇西北面的居延海湖盆分成的两部分，其东面的部分为索果诺尔，又称苏泊诺尔、苏古诺尔，又被称为东居延海；西面的部分称嘎顺诺尔，又被称为西居延海。

居延海湖盆早在第四纪之前的上新世就已有湖泊存在。在早更新世时期，曾是一个一体的面积很大的内陆湖泊，覆盖两大湖盆，其面积近10000平方千米。此后，经历多次地壳运动，形成东部的古居延泽和西部的居延海之间的高地，然后又形成东部古居延泽内部的东西之间的高地和西部居延海盆地内的索果诺尔和嘎顺诺尔之间的高地。另外，第四纪期间，受全球气候变化影响，居延海古湖曾有多次增大和缩小，湖泊的位置有所变迁：或潴水于东部的古居延泽湖盆，或潴水于西部的居延海湖盆。

最近约一万多年来的全新世早中期，居延海的水域范围曾一度缩小，然后在全新世中期，湖泊范围又有所扩大。从史前时期到近两千年以来，居延海变化的总趋势是缩小。在其退缩过程中，留下了多条湖岸线。

近两千年以来，居延海以及注入该湖的黑河，成为从蒙古高原通向河西走廊和青藏高原的最重要通道，也是中原政权与北方游牧民族争夺的重要之地。从汉代历经南北朝、隋唐、西夏到元代，这里在军事上和政治上都处于重要地位。汉代在此设居延县。《汉书·地理志》记载，居延泽在居延县城东北。此后，成书于6世纪初的《水经注》，也记载居延泽在居延县城东北，而在卫星图像上，在居延遗址东北，有一弯月形的古湖遗迹，可能就是此时古居延海的一部分，与《水经注》记载相印证。据此，可绘出那时居延海的位置和轮廓。南北朝时期，前后有几个政权在黑河尾端设立西海郡，因此，那时也把居延海称为"西海"，表明那时居延海水域面积还很大。

元代在此设亦集乃路。《元史·地理志》记载亦集乃城东北有大泽。

明洪武五年（1372），朱元璋派军队攻打盘踞在居延海地区的元军，由于元军固守于城防坚固的黑水城内，明军久攻不下，于是在黑河下游构筑了一条数百米长的拦水坝，断绝黑水城水源，守城的蒙古官兵最终弃城而逃。从此，黑河由流向东北改为流向北，注入西北面的居延海。

《清史稿·地理志》记载，来自张掖的黑河与来自酒泉的桃来河诸河汇合后"北入居延海"。显然，清代以前，索果诺尔和嘎顺诺尔两个名称还未在文献中出现，此二湖所在的水域仍被称为居延海。

20世纪30年代初，中瑞西北科学考察团对居延海进行考察并实测绘图，这是居延海最早的实测地图。在其考察报告和所绘地图上，没有用居延海一名，而是用嘎顺诺尔和索果诺尔二名来称谓位于达来呼布镇西北面的两个湖泊，这也是此二名最早的记载。根据其所绘地图，二湖中以嘎顺诺尔面积为大。

嘎顺诺尔湖面海拔820米；索果诺尔湖面海拔879米，湖水可向嘎顺诺尔排泄。嘎顺诺尔和索果诺尔都曾经是面积很大的湖泊。嘎顺诺尔面积曾达300平方千米，索果诺尔面积达170平方千米。二湖中曾盛产鲫鱼、鲤鱼等多种鱼类。湖泊周围，有茂盛的芦苇和水草。蒙古语索果诺尔湖意为水獭湖，嘎顺诺尔湖意为母鹿湖，都表明这里曾有着良好的生态环境，曾是许多野生动物包括多种鸟类的乐园。

此外，位于达来呼布镇东面的古居延泽，明朝以后，由于额济纳河改道流入索果诺尔和嘎顺诺尔，渐趋萎缩和干涸。但时有额济纳河的分支流入，蓄水形成小的湖泊，称京斯图诺尔或金斯图诺尔，又称天鹅湖。丰水年份，其水域面积在20平方千米左右，大多时间处于干涸状态。

20世纪50年代末，由于额济纳河上游来水逐渐减少，西居延海（嘎顺诺尔）于1961年彻底干涸。索果诺尔在20世纪70和80年代，曾多次干涸，并于1992年彻底干涸，湖床变成一片盐漠和沙地，成为沙尘暴的沙尘源地。

为遏制黑河流域生态日益恶化的趋势，国务院于2000年决定对黑河水量进行统一调度。2002年7月17日，河水首次流入东居延海（索果诺尔）；2003年9月24日，河水首次流入已干涸42年的西居延海（嘎顺诺尔）。随着连年补水，东居延海已形成水域面积近40平方千米的湖泊，湖区周边生态明显改善。此后，国家又制订了在东居延海周边植树种草改善生态环境的计划。另外，近年额济纳河的分支流还在达来呼布镇东面形成两个小湖，即京斯图诺尔（天鹅湖）和额勒泉吉诺尔。

西北地区另一个已消失的著名的湖泊是古代在武威地区民勤北面的猪野泽。早在《禹贡》中就记载了猪野泽。猪野泽在历史早期是一个大湖，它的变迁过程和居延海颇为相似。可能在汉代古猪野泽就已缩小，分成东西两个湖泊。此后，到南北朝至唐代，湖泊面积可能有所增加，但总的趋势仍是缩小。在清代文献中，记载西面的那个湖泊名为青土湖，意味着该湖面积可能大为缩小，大面积的湖底淤泥暴露出来。到20世纪50年代初和80年代初，西面和东面的这两个湖先后干涸。这两个湖泊的缩小和干涸，导致湖泊周围沙漠化的扩大，曾经对民勤绿洲的生存造成严重威胁，"救救民勤绿洲"的呼吁频见媒体。历史时期这里湖泊面积的缩小，主要是武威绿洲人口的增加，耕地面积的扩大，对石羊河截流导致下游来水减少造成的。近年来，各方开始重视对石羊河的水资源进行调控，保证有一定的流量输送到下游，干涸的猪野泽湖床又被水所滋润，周围出现一片生机，以及民勤人民坚持不懈的治沙，生态环境已有所改善。

位于新疆天山北面准噶尔盆地的玛纳斯湖和艾比湖，也曾经是面积很大的湖泊。从清代中期开始，天山北侧的绿洲不断有移民来此开发，流入这两个湖泊中的水量逐渐减少，到20世纪70年代，玛纳斯湖基本干涸，艾比湖面积也大为缩小。这两个湖泊面积的缩小和干涸，导致准噶尔盆地生态环境恶化，沙漠化扩大。特别是艾比湖面积的缩小，导致风沙危害加剧，不仅严重威胁湖区周围居民的生存，还曾严重威胁通往阿拉山口的铁路的安全。近年来，由于对水资源的调控，玛纳斯湖又湖水充盈，周围芦苇等水生植物茂盛的生长，吸引了多种水鸟来此栖息。艾比湖周围经过治沙和水资源调控后，生态环境也有一定改善，经过阿拉山口的中欧铁路运输得以畅通。

位于吐鲁番盆地的艾丁湖，古代也曾经是一个面积很大的湖泊。由于在漫长历史时期中，气候变化和盆地内水资源的开发利用，进入湖泊中的水量逐渐减少，湖泊面积也大为缩小。艾丁湖已由原先的一个较大的湖泊缩小并分解为几个很小的湖泊，湖水的矿化度也大为增高。艾丁湖曾经也是多种水鸟的天堂，今天已不见水鸟踪迹，但湖泊周围不时有野骆驼光顾。由于湖水矿化度很高，这里成为我国重要的盐化工生产地。

位于干旱地区的银川平原和位于半干旱地区的西辽河冲积平原，古代也有很多湖泊。古代关中平原也有许多湖泊，但大多已消失。

位于长江中游的湖北省，素有"千湖之省"美誉。古代有著名的云梦泽（云梦泽是江汉平原上的湖泊沼泽以及周围山林的总称），曾是野生亚洲象、犀牛、麋鹿等多种动物的栖息之地。历史时期湖北省湖泊数量和面积大为减少，特别是近百年来湖泊的数量和面积的减少尤为迅速。据湖北省水利厅2015年1月发布的数据，该省天然湖泊在过去半个多世纪里，百亩以上的湖泊数量减少近半。现在湖北省政府、水利部门和社会团体及广大群众高度重视，正在采取有力措施扭转这一趋势。

长江三角洲古代湖泊很多，曾有"五湖"之称；古代成都平原湖沼面积也很大；古代东北地区的松辽平原（包括三江平原）湖沼更是很多。这些地区的众多湖沼曾为多种野生动物，包括多种鸟类提供了生存空间。今天这些地区湖泊沼泽面积大为缩减甚至消失，许多候鸟的冬季和夏季栖息地也大为缩小。

二、重要河流生态环境的变化

1. 黄河生态环境的变化与黄河治理

黄河是中华民族的母亲河，它孕育和滋养了华夏民族，但由于它兼具"善淤、善决、善徙"的特点，因此在历史上也给居住在黄河流域的先民们带来不少麻烦和灾难。从周定王五年（公元前602）记录黄河决徙到1911年的2500多年中，黄河决溢迁徙总计达1590多次，有"三年两决溢"之说。历史上，黄河有航运之利，黄河漕运关系国家的生计和中央政权的存亡；同时，黄河频繁决溢改道，会对下游黄淮海平原上的人们造成巨大的财产损失和生命的威胁，因此，历代都把黄河治理作为国家层面上的重大事务来对待。

（1）黄河流域生态环境特点

黄河之所以会"善淤、善决、善徙"，是与其流域的气候和生态环境有关。黄河流域属于季风气候，全年降水主要集中在夏秋季节，而且以暴雨形式为主，是形成洪水的主要气候条件。黄河的"善淤、善决、善徙"，其根本原因是其含沙量很高。黄河是世界上含沙量最高的河流。黄河泥沙绝大部分来自黄土高原，黄土高原的厚层黄土，土质结构疏松，而且具有垂直节理，再加上古代黄土高原上的原始自然植被为疏林灌丛草地，植被的覆盖程度较森林植被低，抵御暴雨对疏松的黄土的侵蚀能力较差，在暴雨的冲击下，疏松的黄土很容易被侵蚀；雨水还很容易在疏松的黄土中下渗，形成竖穴和漏斗；更为严重的是，雨水沿着黄土垂直节理下渗，将节理逐渐扩大，形成垂直的裂缝，并逐渐发展成细小的细沟，再进一步发展成冲沟。因此，即使在人类对生态环境影响很小的上古时期，黄土高原仍存在土壤侵蚀，致使黄河及其在黄土高原地区的支流含沙量较我国其他地区河流高。如未收入《诗经》中的《逸周诗》有这样的感叹："俟河之清，人寿几何！"（《左传·襄公八年》）其大意是，要看到黄河变清，人要活到多久啊！即在一个人的有生之年，是不会看到黄河变清的。此诗表明，早在西周时期，黄河就已混浊了。再如《诗经·小雅·十月之交》中有"百川沸腾，山冢卒崩，高岸为谷，深谷为陵"的诗句。历史上对这几句诗有不同理解，有的认为这是描写地震造成的地貌变化。实际上，这几句诗反映了黄土高原地区地貌容易变化的特点，即山地可以变为谷地，深谷可以变成山陵，这种变化可由地震引起，也可由流水作用造成。再如《管子·水地篇》记载："秦之水泔而稽，淤滞而杂。""秦之水"即指关中地区的河流，"泔"的意思为淘米水。也就是说，在《管子》一书作者所处的春秋时期，那时关中地区的河流已像淘米水一样混浊。再如《古本竹书纪年》记载，春秋时期有三次"河赤"。所谓"河赤"，是黄土高原地区厚层黄土层下面的红土层被侵蚀后出现的结果，表明土壤侵蚀突然加剧。战国时期黄河就被称为"浊河"，此称见于《战国策·燕策》中《燕王对苏秦》章："吾闻齐有清济浊河以为固"。其中的浊河，当指黄河。约成书于战国时期的我国古代最早辞书《尔雅》对此"河"的注释是："河出昆仑墟，色白，所渠并千七百条，色黄。"其中的"昆仑墟"，是指青藏高原。黄河发源于这里，水色是白的，这是因为黄河流经青藏高原，河流含沙量低，河床比降大，河流湍急，多急流，形成白色的急流和浪花；而在接纳了众多条支流后，水色变黄，这是由于这些支流多是在黄土高原地区接纳的，使黄河之水变黄。

总之，早在春秋战国时期以前，那时黄土高原地区人口还很稀少，人类对黄土高原生态环境的影响很小，生态环境基本上保持原始的自然状态，在那样的生态环境下，黄河含沙量还是比较高的。由此，我们可以得出这样的认识：黄河不可能彻底变清，也没有必要彻底变清。那种通过在黄土高原进行绿化可以使黄河彻底变清的期望是不现实的。

但黄河的泥沙也并非一无是处。黄河的泥沙为黄淮海平原的形成作出极大贡献，今天仍在造陆，使黄河三角洲不断延伸，为增加我国的土地资源作出贡献。今天黄河泥沙也是一种资源。黄河泥沙中含有丰富的营养物质，为渤海中的多种水生生物生存提供丰富的营养。

（2）对黄河生态环境的不正确认识导致三门峡水库的是是非非

笔者认为对黄河生态环境特点的不正确认识，可能导致黄河治理决策的重大失误。如20世纪50年代三门峡水库的修建。那时，新中国刚成立不久，国家即对黄河治理给予极大重视，聘请苏联专家进行规划，其中一个重大举措就是修建三门峡水库。当时的设想是，在黄土高原植树造林进行绿化，治理水土流失，可使黄河变清，并期望三门峡水库建成后，不仅可以防洪和发电，还设想数千吨海轮可从黄河口一直上溯航行到郑州。那时，人们对黄河的治理充满着诗画般的设想。但三门峡水库建成后不久，到60年代初，就发生严重淤积，淤积抬高了渭河水位，对西安城市造成严重威胁。当时，对三门峡大坝如何处理有多种意见，分歧甚大，争论不下。最后，在国家领导人的主持下，决定在三门峡大坝的下面打洞，以排泄库中淤积的泥沙。此后，三门峡水库只是过水而不蓄水。

但是，对三门峡水库还有另一种观点。21世纪初，位于三门峡上游的陕西渭南地区发生暴雨，因排水不畅而发生洪水灾害，于是出现要将三门峡水库大坝炸掉的舆论。2005年9月，腾讯公司主办以宣传对黄河的生态保护为目的的"大河之旅环保行"活动，笔者作为特邀专家随队伍行进到三门峡大坝，随队的许多记者乃至名人，问笔者如何看待这一舆论。笔者认为：这是由于对黄河生态环境特征认识不正确而产生的一种极端的观点。黄河生态环境的特点，除了泥沙含量高外，还有就是流域降水集中，易形成洪水，乃至大洪水和特大洪水，而且黄河洪水具有突发性，来势迅急。虽然黄河沿线已建成的几座水库，包括山陕峡谷中的万家寨水库和郑州西面的小浪底水库，对于削减洪峰，保障下游安全发挥了很大作用，但一旦遇到突发性特大洪水，这些水库并不能说有绝对把握保障下游的安全。因此，保留三门峡水库大坝，用来在特大洪峰出现时蓄水，可以削减洪峰，减轻位于其下游的小浪底水库的压力。缘于此，三门峡水库大坝仍有保留的必要。其实，造成渭南的水灾有多方面的原因，简单地完全归咎于三门峡水库大坝的认识也是不可取的。

（3）历史时期黄河生态环境的变化与泥沙含量的增高

既然最早黄土高原人口稀少，生态环境保持着原始的自然状态时，黄河含沙量就很高，那么，在历史时期，黄河的生态环境发生了哪些变化？对黄河的水文状况有哪些影响呢？

实际上，尽管在人口很少的古代，黄河含沙量很高，但与后来相比，其含沙量还是相对低的。因为黄土高原的原始植被为疏林灌丛草地，对水土保持的作用尽管没有茂密森林植被覆盖那么大，但与开垦后没有天然植被覆盖的农田相比，其水土保持作用还是相对较好的。特别是古代黄土高原的山地，有较茂密的森林植被覆盖，河水含沙量很低，如《诗经·伐檀篇》，"坎坎伐檀兮，置之河之干兮。河水清且涟漪……"描写了清澈的河水微波荡漾的秀丽景色，该诗反映的是晋南地区山地的河流。再如，据《诗经》等文献，西周时期泾河水鸟很多，反映了那时泾河水较清；另据《左传》记载，春秋时期泾河之水尚被饮用。

西汉时期，黄河下游水患远较以前频繁。这有多种原因，其一可能与气候变化有关。西汉时期为相对多雨时期，这一时期的历史文献中有关黄河流域大雨的记载屡有所见。另一个原因，可能是到了西汉时期黄河下游河道运行已到了晚年时期；再有可能与西汉时期政府对治黄的不合理干预，以及缺少有能力的治河专家和治河措施有关。另一个很重要的原因是与西汉时期黄河及其支流含沙量增加有关。如，西汉时期，泾河就"泾水一石，其泥数斗"（《汉书·沟洫志》）。黄河的重要支流渭河在西汉时期由于泥沙含量增高，河道淤积，航运条件有所恶化，使渭河航运"时有难处"（《史记·河渠书》）。故此，西汉时期在渭河南侧另开凿了一条运河从长安通向潼关，以避渭河上的航行障碍。战国时期黄河被称为"浊河"，而西汉时期则用"重浊"一词来形容其含沙量之高，如"河水重浊，号为一石水而六斗泥"（《汉书·沟洫志》）。泥沙含量增加的结果，使原来《禹贡》的"九河"到西汉末年皆被淤塞："哀帝初（前6），平当使领河堤，奏言：九河今皆填灭。"（《汉书·沟洫志》）由于"九河"均被淤塞，黄河下游只有一条河道入海，泄洪能力大为降低，也是导致西汉时期黄河下游河患频繁的原因之一。秦汉之际，黄河第一次被直接称为"黄河"："十二年（前195）……

169

封爵誓之曰：使黄河如带，泰山若厉，国以永存，爰及苗翼。"（《汉书·高惠高后文功臣表》）这些事实，毋庸置疑地表明，西汉时期黄河的输沙量有明显的增加，是下游河患频繁的重要原因之一。

西汉时期黄河泥沙含量增高，下游河患频繁，除了与气候变化有关，还因这一时期，黄河流域降水相对较多，暴雨也相应较多，加剧了土壤的侵蚀。加之秦与西汉时期向黄土高原地区大量移民，加剧了土地的开垦和对生态环境的破坏，也是一个很重要的原因。

东汉王景治河以后到唐代，历史文献较少记载黄河下游的水患。这一长约800年的时期，被称为黄河安流时期。虽然对这一时期黄河下游是否真正安流人们还有不同意见，但这一时期黄河下游水患较少被记录，是一个不争的事实。至于这一时期黄河安流的原因是什么，一种意见认为应归功于王景治河，另外还有其他多种说法。但不应否认，这一时期黄河输沙量的减少，是一个很重要的原因。这一时期黄河输沙量的减少，可以举出以下多个证据：这一时期，有关黄河"清"的记载相对较多；这一时期还出现"黄河清复清"的民谣（《元和郡县图志·关内道》）；这一时期黄河航运条件有所改善，通畅航行的记录较多。

这一时期黄河输沙量的减少，主要是和黄土高原人口的减少，生态环境得到一定恢复有关。

应当指出，东汉以后至唐代，黄河输沙量有所减少，只是相对而言，实际上仍然较多。虽然这一时期记录了较多的"黄河清"，但却是作为祥瑞现象被记录下来，说明黄河清还是极为罕见的现象，黄河的常态仍是含沙量较高，但此时黄河含沙量当比西汉时期少。还有，北魏郦道元在《水经注》中描写了黄河壶口瀑布"浑洪"，这一记载也说明，从东汉到唐代，虽然黄河输沙量有所减少，但还是比较高的。此外，黄河的多条支流在这一时期含沙量都有明显增加。如，《隋书·食货志》记载："渭水多沙，流有深浅，漕者苦之。"这一记载表明，渭河在隋代输沙量明显增多，水文状况恶化，给航运带来麻烦。再如，关中洛河之水在唐代被称为"洛河之浆"（《元和郡县图志·关内道》），可见其含沙量之高。再如陕北的无定河，在北魏郦道元的《水经注》中称奢延水，到唐代被称为无定河（《元和郡县图志·关内道》）。无定河名称的变化，可能也是与该河含沙量的增减，河道不稳定有关。

唐代时期，船只通过三门峡段河道比以前更为困难。如果说西汉时期黄河漕运受到三门峡的很大妨碍，那么，到了唐代，三门峡对漕运造成的麻烦就更大。为了克服三门峡的险阻，从唐代开始，便在三门峡开凿栈道，船只通过这里要靠拉纤。即使这样，船翻人亡的事故仍屡有发生，成为黄河漕运史上最悲惨的时期。如《新唐书·食货志》记载："岁漕经砥柱，覆者几半。"唐代时期，漕运的船只有很大变化。唐代以前，由江淮地区经运河入黄河运送粮食到长安，都无须换船，船只可一直航行。从唐代开始，为了适应黄河水浅沙多的水文条件，专门设计了在黄河中航行的船只，由江淮地区运漕粮到长安，必须在运河与黄河衔接处换船装运。这些事实说明，到了唐代，黄河水文状况恶化，含沙量增高。导致这一结果，主要是由于黄土高原人口的增加，生态环境破坏加剧。

到了宋代，黄河下游水患频繁，黄河如何治理成为北宋朝廷从皇帝到重臣议论较多的重大朝政。如王安石、司马光、欧阳修、苏东坡等著名文人，都对黄河治理有过议论，并都谈及黄河多泥沙现象，可见他们对黄河下游河道变迁有一定规律性的认识。北宋时期黄河含沙量增加和下游水患频繁，主要是由于黄土高原人口的进一步增加。北宋时期，宋朝与西夏在黄土高原对峙，北宋在陕北修建许多堡寨等军事设施和增加移民，加剧了对生态环境的破坏。

由元代到明代，黄河含沙量进一步增高。如明代潘季驯在《河议辩惑》中指出："黄流最浊，以斗计之，沙居其六，若至伏秋，则水居其二矣。"

针对黄河含沙量越来越高的治理，虽元代有贾鲁，明代有潘季驯，清代有陈潢和靳辅等治理黄河成就卓著的名家，特别是明代潘季驯的"束水攻沙"理论，乃是对黄河水文认识和黄河治理上里程碑式的伟大进步，但即使是这样伟大的治河专家，也只能使黄河相对安定于一段不太长的时间，不能形成长期安流的局面。若论他们对黄河的认识和他们治河的理论与实践，均超过东汉的王景，但似乎都不如王景治河后效长久。究其原因，应当归之于黄河中游生态环境的恶化，导致黄河含沙量越来越高。

总之，历史时期黄河流域生态环境发生很大变化。其中，包括黄土高原植被发生很大变化，地形也发生很大变化，历史时期黄河水沙状况也发生了很大变化。含沙量越来越高，洪枯水位相差越来越悬殊。导致这些变化的主要原因，是黄河中游，特别是黄土高原地区人口的增加，人类不合理开垦和破坏天然植被。历史时期气候虽有变化，对黄河含沙量和下游水患的增加有一定影响，但人类对中游地区生态环境的破坏则是不可否认的重要原因。

中华人民共和国成立以来的半个多世纪，黄河保持安澜，这是黄河治理的伟大成就。这一成就的取得，既有下游堤防工程的贡献，也有中游建造大型水库的贡献，还有在中游采取工程措施进行水土保持的贡献。此外，还应特别指出的是，在中游地区进行绿化的生态建设对保障黄河的安澜所作出的贡献也是不应被低估的。

（4）下游地上河——黄河的顽症与隐患

黄河下游地上河的问题，是黄河生态的一个很突出问题，还是人们普遍关心的一个问题。特别是在河南省开封，那里的黄河高出开封城市地面十多米。笔者多次去开封考察，了解到那里的人们对黄河地上河问题之关切，甚至认为那是悬在开封人民头上的利剑。曾经有很多人向笔者提出，能否把黄河下游的地上河变为地下河。在20世纪，也曾有人提出将黄河改道或采取"三堤两河"的方案来避开现在黄河下游的地上河道。这些想法都是行不通的。

黄河下游河道为什么会成为地上河？这是由两个因素造成的：一是黄河中游黄土高原的生态环境特点导致黄河含沙量高；再一个因素就是下游地势低平。黄河从河床比降很大的中游携带大量泥沙以迅急的速度进入下游黄淮海平原后，低平的地势使河流失去很大一部分动能，没有能力再携带那么多的泥沙，于是便将一部分泥沙沉积在下游河道，这是一个不可改变的自然规律。于是，下游河道随着泥沙不断淤积，河床越来越高。即使将黄河改道，也会在很短的几年中变成地上河。更何况让黄河改道，要淹没多少耕地，要使多少城市和乡村搬迁，不知道要造成多少财产的损失。而且，现在黄河上的一切设施，包括桥梁、水利灌溉及堤防等工程将化为废物，这又是一个巨大损失。显然，改道是不可取的，因此，维持黄河下游现在河道，是唯一的选择。中华人民共和国成立70多年来，在保持黄河下游安澜无恙方面取得一系列经验。这些经验就是：在中游黄土高原上进行生态建设以及建造淤地坝和小型水库等工程措施，以减少水土流失；在中上游干流上建设大型水库以削减洪峰；在下游，加固堤防；在下游河道两侧建立蓄滞洪区。特别是，从事黄河治理的专家们，找到利用小浪底水库对黄河下游进行调水调沙的最优方案，定期地将黄河下游河道中淤积的泥沙冲走，使下游河床的淤积不会继续发展，维持在一个冲淤平衡的状态。过去70多年的黄河安澜表明，只要坚持已有的有效措施，再加上不断探索新的措施，今后黄河仍将继续保持安澜无恙。实际上，黄河下游地上河也并非一无是处。例如，从黄河引水，无须动力提水，而是自流引水。因此，既然我们可以使现有黄河安澜，让它保持现有的地上河状态又有何妨呢？当然，让黄河河床尽量降低，使其变成地下河，应是黄河治理的终极目标。

（5）黄河治理仍然任重道远

由于黄河生态环境特点，即流域多暴雨，特别是中游常出现难以预测的突发性的暴雨和洪水；还由于中游黄土高原土壤易被侵蚀的自然规律，以及下游河道存在着淤积这一客观规律，特别是全球气候变暖的趋势已是无可争辩的事实，黄河中游突发大暴雨、突发大洪水和突发土壤侵蚀事件会加剧和增多，因此，黄河治理仍然任重道远。

2. 淮河生态环境的变化

淮河在我国地理上是一条重要河流。它是我国亚热带的北界，今天又是我国水田与旱作的分界线。历史上，淮河流域的生态环境和淮河河道本身的生态都发生了很大变化。

淮河南北两侧支流很不对称。其南侧支流发源于大别山和桐柏山，流程相对较短，比降较大，一旦有暴雨，往往形成迅急洪水。其北侧支流，或发源于豫西山地，或发源于豫东平原，或发源于鲁中山地。其北侧支流所在的豫东平原和鲁西平原，在公元1128年黄河南徙夺淮入海以前，不仅有许多湖泊，这些支流还有许多分支流，彼此互相沟通，形成蛛网般的河网水系。如前述《水经注》卷二十一、卷二十二、卷二十三、卷二十四、卷三十记载汝水、颍水、沙水、睢水、洧水、获水、谷水等淮河支流就有众多湖泊及众多分支流。尽管淮河流域多暴雨，其北侧支流的众多湖泊和河流之间有河网相互沟通这一水文地理特点，对于调蓄洪水，减少包括豫东平原和鲁西平原等淮北地区的水患，减少暴雨洪水给予淮河的压力，发挥了很大作用。但自公元1128年后，黄河南徙夺淮入黄海，特别是元代时期，黄河在豫东平原频繁改道，时而沿颍河，时而沿涡河，时而沿睢水等河道入淮，使淮河河道不断被淤积垫高。

古代淮河干流还有许多湖泊。如《水经注》卷三十记载，淮河在流过新息县故城南，接纳慎水后，有燋陂、上慎陂、中慎陂、下慎陂。这些陂湖，既与淮河相通，又与慎水相通，构成互相连通的湖泊群。接着，淮河接纳的一条支流申陂水，这也是一条有若干分支流和湖陂的河。淮水在寿阳县西北接纳了肥水后，又接纳了夏肥水。夏肥水也是一条有一系列湖陂的河流。《水经注》记载的淮河干流和支流上的这些湖陂，有很多已被淹塞消失，但也出现了新的湖泊，如在霍邱县城东面的城东湖就是后来形成的。

古代淮河在盱眙以下曾是地下河，其高程要比长江还低。《水经注》卷三十记载淮水在流经淮阴县时，有中渎水由长江流入淮河。中渎水即后来称为江淮运河的河流。南北朝时，南朝的船只多次从海上溯淮河而上，甚至能一直航行到寿春，即今寿县。这些记载表明，古代淮河下游河道是地下河。河道这一特点，使淮河之水在下游下泻较通畅。

公元1128年后，随着黄河南徙，淮河下游河道逐渐被淤积，河床抬高。特别是明代万历年间（1573—1620），主持黄河治理的潘季驯，为了保障运河的通畅，不被黄河淤塞，采取拦蓄淮河之水以冲刷黄河泥沙，即所谓"蓄清刷黄"的方略，大筑高家堰，将淮河拦截，逐渐形成洪泽湖。后来，清代主持黄河治理的靳辅继承潘季驯大筑高家堰的方略，将高家堰加长加高，最终形成今日的洪泽湖大堤。随着洪泽湖大坝逐渐加高，洪泽湖湖底也不断被淤高，洪泽湖水位也不断升高，湖水面积逐渐扩大，将盱眙、徐县等古城皆淹没在水下。淮河基准面也随着升高，导致淮河河道淤积；再加上黄河多次冲入淮河河道，于是，淮河流域，包括干流，水患频繁发生。

最后，清咸丰元年（1851），黄河在砀山决口，冲入洪泽湖，黄河挟带淮河经由长江入海，此后，淮河主要由长江入海。淮河生态环境发生重大变化。

除黄河、淮河历史时期水文生态环境发生很大变化之外，海河水系的永定河、滹沱河、漳河等河流，历史时期水文生态环境也都发生了很大变化。

我国最长河流长江在历史时期生态环境也有很大变化。历史上，一方面，由于人口的增加，中游和上游地区的许多山地被开垦，导致水土流失，使长江含沙量增加；另一方面，人们围湖造田，如江汉平原的湖泊数量和面积大量减少，洞庭湖面积也不断缩小，调蓄长江洪水能力下降。

第六章

历史时期若干珍稀动物

地理分布的变化

准噶尔盆地东部卡拉麦里自然保护区的野马。这里为荒漠景观。（2007年9月摄）

动物是生态环境的组成部分。古代中华大地上生存着许多野生动物。今天的许多珍稀保护动物，在古代并不珍稀，曾在古代中国广泛分布。生态环境的变化，如森林面积的缩小、草原的破坏、湖泊的减少和消失等，使得许多动物的生存空间缩小，还有人类的猎杀等行为，使得许多野生动物数量也大为减少，成为珍稀动物，甚至消失绝灭。

一、亚洲象地理分布的变化

亚洲象（*Elaphas maximus*）在中国曾广泛分布。

象，栖息在气候温暖多水的亚热带和热带地区。古生物研究者在位于北京西面约150千米的河北省阳原县丁家堡水库的全新世中期（距今约6000—5000年）地层中发现亚洲象的骨骸，是我国已知亚洲象分布最北的记录。这里的纬度大致是北纬40°。和亚洲象骨骸一起发现的还有两种软体动物遗骸，即厚美带蚌和巴氏丽蚌。这两种蚌类的现生种主要分布在长江以南地区。[1]这些事实表明，阳原县丁家堡发现象的遗骸，

---

① 贾兰坡、卫奇：《桑干河阳原丁家堡水库全新世中的动物化石》，《古脊椎动物与古人类》，1980年第4期，第327—333页。

与那时的气候条件有关。

人们在全新世中期多处新石器时代遗址中发现亚洲象的残骨。除了长江以南有多处遗址出土了象的残骨，应特别提到的是在淮河以北的苏北地区多处全新世中期的新石器时代遗址中发现象骨制品。[①]此外，还有山东大汶口遗址亦发现象的残骨。[②]这些遗址，大致都在距今7000—6000年前。

时代较晚的河南安阳殷墟遗址，"不止一次发现象骨及埋象的坑"，而且"在甲骨刻辞中，也有捕象的记载……这都说明，在今豫北地区，3000多年前是有野象生存的"，[③]表明在全新世中期的较后时期，即距今3000多年前，黄河下游地区也有野生象分布。

大致相当于商代时期的成都金沙遗址和广汉三星堆遗址，也出土了大量象牙。金沙遗址出土一千多根象牙。三星堆遗址一号祭祀坑出土象牙13根，二号坑

①　唐领余、李民昌、沈才明：《江苏淮北地区新石器时代人类文化与环境》，载于《环境考古研究》（第一辑），北京：科学出版社，1991年版，第164—172页。
②　李有恒：《大汶口墓群的兽骨及其他动物骨骼》，载于《大汶口新石器时代墓葬发掘报告》，北京：文物出版社，1974年版。
③　中国社会科学院考古研究所编著：《殷墟的发现与研究》，北京：科学出版社，1994年版，第436页。

出土象牙数量则多达67根。①这些考古发现表明，四川地区野生亚洲象也很多。

除了上述考古遗址的发现提供了古代亚洲象在我国分布的信息，中国古代许多文献对野生亚洲象也多有记载。

《山海经》中记载岷山等山地多象，与三星堆遗址和成都金沙遗址出土的大量象牙相印证，表明古代四川亚洲象分布很广泛，向北到岷山。岷山在秦岭的西面，与秦岭大致在相同的纬度。据此，历史早期亚洲象在西部地区的分布至少应以秦岭为北界。

大致在西周初年，即相当于晚全新世初期的气候转冷之时，野生亚洲象分布北界从河南安阳一线，南退到淮河以南。故在春秋时期，淮河以北地区已不见有野生亚洲象的记载。

但长江流域的两湖地区和淮河以南的长江下游地区，在战国以前的文献，如《诗经》《禹贡》《周礼·夏官·职方氏》《国语·楚语》《竹书纪年》等记载表明，野生亚洲象广泛分布，数量很多。特别是楚国的核心地区江汉平原，今天湖泊沼泽很多，古代有面积

---

① 黄剑华：《金沙遗址——古蜀文化考古新发现》，成都：四川人民出版社，2003年版，第110页。

广阔的云梦泽，为野生亚洲象提供了很好的生存环境。

汉代、晋代和南北朝时期，长江流域的四川、中游的两湖地区和下游的淮河以南地区，有关象的记载，频频见于诸多文献。如，汉代司马相如的《子虚赋》、汉代扬雄的《蜀都赋》、汉代桓宽的《盐铁论》、晋代左思的《三都赋》、晋代常璩的《华阳国志》等。甚至在南朝时期，还有野象进入广陵城（今扬州）和建邺城（今南京），分别见于《南齐书·五行志》记载南朝齐永明十一、十二年（493、494）"有象至广陵"和《文献通考》卷三十一《物异考》记载南朝梁天监六年（507）"有三象入建邺"。《南史》还记载南朝梁承圣元年（552）十二月"淮南有野象数百，坏人室庐"。《太平广记》卷四百四十一《淮南猎者》记载唐代长江之北的淮南多象。

五代时期，在浙江南部的东阳地区，野象已是稀罕之物。如后周时期的《吴越备史》卷四《后周广顺三年（953）》记载："是岁，东阳有大象自南方来，陷陂湖而获之。"[①]东阳即今浙江南部东阳县。此事件表

① ［宋］钱俨：《吴越备史》卷四《后周广顺三年（953）》，文渊阁《四库全书》史部第222册，台北：台湾商务印书馆，1987年影印版，第568页。

明，东阳地区当时已没有野生亚洲象分布，野生亚洲象从南方来，被作为一种非常事件，人们才将其捕获。由此可进一步推测，到五代时期，东部的浙江地区野象已很难见到，此时野象分布北界可能已向南大大退缩。其北界可能在福建省北部的武夷山北端。野象分布北界向南退缩，可能是在唐朝后期"安史之乱"以后发生，是北方黄河流域大量人口向江南地区移民，江南地区被广泛开发，野象的生存空间被压缩的结果。

宋代编撰的《太平寰宇记》记载，在今贵州省与重庆接壤的多山地区的几个州，"土产"有象牙。其最北面大致位于北纬29°30′。

另外，《宋史·五行志》还记载野生亚洲象频繁出现在长江以北，其中，于建隆三年（962）北窜"至黄陂县匿林中，食民苗稼，又至安、复、襄、唐州践民田，遣使捕之；明年十二月，于南阳县获之"；又在乾德二年（964）"五月，有象至澧阳、安乡等县。又有象涉江，入华容县，直过阛阓门。又有象至澧州澧阳城北"；甚至在乾德五年（967）有象北窜至京师开封。这些过了长江北窜的野生亚洲象，只是个别现象，属于异常现象，不能据此认为野生象分布的北界向北推移到长江以北，更不能像有的研究者一样将这几个个别情况作为气候变暖的依据。这些北窜的野象，均来自湘西山地，据此推测湘西山地有较多野象分布。

《宋史·蛮夷四》还记载居住在今西昌地区和大凉山部分地区的"黎州邛部川蛮"，向宋王朝进贡的物品有犀牛角和象牙，故宋代西南的川西地区野生象分布最北界可到山体高耸气候相对较冷的大相岭、小相岭和大雪山的南面，其纬度大致在北纬28°30′。

至于岭南的两广地区，古代野象分布非常广泛。如《汉书·地理志》、晋代常璩的《华阳国志》等文献记载中都有所反映。甚至东汉时期管辖岭南地区的官员行贿受贿的主要物品为犀、象等物，[①]也说明野象较多。

宋代周去非在《岭外代答》[②]卷五记载，邕州永平寨和钦州两处博易场有内地商人来进行交易，其交易的物品中有象牙、犀角等物品。宋代的邕州和钦州相当于今广西壮族自治区西南和西北部。

宋人撰写的《大观本草》记载，广东东北部诸县有象。宋代潮州地区野象还多至成灾，见于《宋

---

① ［南朝宋］范晔撰：《后汉书》卷三十一《郭杜孔张廉王苏羊贾陆列传第二十一贾琮传》，北京：中华书局，1982年版，第1111页。
② ［宋］周去非：《岭外代答》，文渊阁《四库全书》史部第247册，台北：台湾商务印书馆，1987年影印版，第432页。

史·五行志》，以及宋人吴萃的《视听钞》中①。宋代文献还记载与潮州相近的闽南漳浦县也多象："漳州漳浦县地连潮阳，素多象，往往十数为群，然不为害……"②宋代还在今福建西南的武平县设立象洞巡检寨，表明闽南地区多野象。③

古代云南也多野象。《水经注》卷三十六记载澜沧江在永昌县以下两侧地区多犀象。④《新唐书·南蛮传》记载云南地区："自弥鹿、升麻二州南至步头……其地广二千余里，土多骏马、犀、象。"弥鹿，为今泸西（宣威、沾益一带）；升麻，为今寻甸、嵩明一带。唐代樊绰《蛮书》记载，野象"开南已南多有之"⑤，开南即今景东。宋代范成大《桂海虞衡志·志器》记载，云南大理国用象皮制造甲胄："蛮甲惟大理国最工，甲胄皆用象皮，胸背各一大片如龟壳，坚厚如铁

① ［宋］吴萃：《视听钞》，《说郛》卷二十，北京：中国书店，1986年据涵芬楼1927年版影印。（说明：吴萃，国子博士。）
② ［宋］彭乘：《墨客挥犀》卷三，文渊阁《四库全书》子部第343册，台北：台湾商务印书馆，1987年影印版，第684页。
③ ［宋］王象之：《舆地纪胜》卷一百三十二，《续修四库全书》第585册《史部地理类》，上海：上海古籍出版社，2003年影印版，第190页。
④ ［北魏］郦道元著，陈桥驿校证：《水经注校证》，北京：中华书局，2007年版，第826页。
⑤ ［唐］樊绰著，向达校注：《蛮书校注》卷七《云南管内物产》，北京：中华书局，1962年版，第202页。

等，又锻联小片为披脖护项之属，制如中国铁甲。"①
这一记载与唐代樊绰《蛮书》所记吻合。

综上所述，宋代野生亚洲象分布的北界，从西部的云南地区大理国所在的洱海盆地，向东北经川西地区（北纬28°30′），向东经今重庆市与贵州省接壤地区的南州（南州北部的纬度为北纬29°30′），再向东，在湖北西部山地可能有野象，但数量很少，只是在《大观本草》中有所记载，也只是根据传闻而记，尚不足以为据。在东部地区，野生亚洲象基本上是以南岭为其分布北界。在福建地区，在闽南的漳浦地区野生亚洲象很多，而位于漳浦西北的武平县也有野生亚洲象。武平县位于武夷山脉的南段，高大而幅员宽广的武夷山地，沿福建省西部与江西省接壤地带，由西南向东北延伸，与浙江省南部山地相接。野生亚洲象也有可能沿武夷山地向北分布。上文五代时期（907—960）《后周广顺三年（953）》在浙江东阳出现的由南方而来的大象，就可能是来自武夷山地区。

宋代与唐代相比，在中部的湖北，亚洲象分布的北界向南退缩达2—3个纬度。在东部沿海地区，向南

① ［宋］范成大：《桂海虞衡志·志器》，文渊阁《四库全书》史部第347册，台北：台湾商务印书馆，1987年影印版，第374页。

退缩的距离更远。

明代野生亚洲象仅分布于两广和云南，尤以广西东部居多。《大明一统志·南宁府》"公署"条下，记载有驯象卫："驯象卫，在横州治，洪武二十一年（1388）建。"横州，即今位于南宁市东的横县。此事还见于清嘉庆《广西通志》卷九十三《太平府》："洪武十八年十万山象出害稼，命南通侯率兵二万驱捕，立驯象卫于郡。"文中"十万山"为广西东部的十万大山，明代在今南宁东面的横县设立了驯象卫，明朝政府还派出两万士兵来驱捕野象，可见当时广西东部野象数量之多，以及危害程度之严重。横县周围为群山环绕。横县西南，是十万大山；横县之东，是六万大山；六万大山的东面是云开大山。明代横州地区的野象，应是栖息在这些山地中。

明代方以智《物理小识》："云南人家养象负重，潮州象牙小而红。"[①]此记载表明，潮州野象与云南野象有所不同，可能潮州野象不是亚洲象。

明代以后广东野象似渐趋减少。如民国《东莞县志》称："邑山脉远连潮惠，明以前未尽垦辟，故野

---

① ［明］方以智：《物理小识》卷十《鸟兽类》，文渊阁《四库全书》子部第173册，台北：台湾商务印书馆，1987年影印版，第954页。

兽至多……群象踏食田禾，则南汉时邑且有野象。岭表录异言，广之属郡潮汕州多象，潮循人捕得象争食其鼻……盖元明以后山林日启，象无所容，即潮惠亦无之。"

明末徐霞客记载云南地区象的分布："盖鹤庆以北多牦牛，顺宁以南多象，南北各有一异兽，惟中隔大理一郡，西抵永昌腾越……"[①]鹤庆，即今鹤庆县，位于滇西北的洱海盆地北面。鹤庆以北为横断山脉的北段，为横断山脉的高山峡谷区，地形陡峻，气候寒冷，只适合牦牛生存。顺宁，即今凤庆，大致位于北纬24° 35′。凤庆也是处在地势的转折之处。凤庆以南，横断山脉的山地相对高度变低，河谷也变宽，则凤庆的纬度可以作为明代滇西地区亚洲象分布的北界。

明代云南野象分布北界比其东部的两广地区偏北，可能是由于云南的西部有西藏高原和滇西北高原的屏蔽，较少受冬季寒冷气流的袭击，而东部地区则不具备此条件。另一原因可能是东部地区人口相对稠密，人类对自然生态的破坏较西部地区严重。

清代前期，野象分布于三个地区。一是在广西东

---

① ［明］徐弘祖著，褚绍唐、吴应寿整理：《徐霞客游记》，上海：上海古籍出版社，1982年版，第883页。

部的南宁府和廉州府，见于清初编纂的《古今图书集成·职方典》和《乾隆府厅州县志》记载，野生象可能生存在该二府境内的十万大山和六万大山。另一片分布区位于云南西南部。《古今图书集成·职方典》一千五百一十一卷《永昌府·物产》有"象、象牙、象尾"。永昌府包括今保山、潞西、施甸、镇康、耿马诸地区。保山市的纬度大致为北纬25°，前引明末徐霞客记载顺宁（今凤庆）以南多象，凤庆位于保山南面，故清代前期云南野生亚洲象分布北界和明末徐霞客所记相比，变化不大。清代前期野象分布的第三片地区，据《乾隆府厅州县志》卷三十六《重庆府》记载："土贡……象牙、犀角。"这里将象牙列为"土贡"，应是本地所出产。重庆市南面的南川县，在唐宋时期文献中都记载土贡有象牙。清代重庆府的野象，应分布在其南部多山的南川县和綦江县，这里与贵州省毗邻，纬度为北纬29° 30′。

据以上，清代前期与明代相比，无论广西还是云南，野生象分布北界变化都不是很大。

清代后期，亚洲象分布范围迅速缩小。两广境内，只有道光十三年（1833）《廉州府志》"物产"记载"象，间有"。两广其他地区的方志不再见有野象记载。廉州府所辖包括今北海市、合浦县、钦州市、防城港市及灵山县，境内有十万大山，野象可能分布于此。此后，即使在廉州府的方志中也不见有象的记载，则野象在两广地区最后消失可能在19世纪中期。清代廉州府属广东省，今属广西北海市和钦州市。

清后期，云南野象分布范围也大为缩小。如光绪十一年（1885）《永昌府志》记载该府已无野象。该志卷二十二《食货志·物产》记载象、象牙、象尾、琥珀、水晶等物品"皆出于外地，有千余里者，有数千里者，贾人裹粮行数十日，始至其出，购之甚难，货之亦甚贵"。

据以上亚洲象分布情况，18世纪末至19世纪中期，亚洲象分布北界大致在沧源、普洱至广西钦州地区北部的灵山县一线。此线之南，野象可能呈不连续分布，一片在云南的南部、东南部和西南部，一片在广西钦州地区的十万大山，分布范围可能很小。19世纪后期以后，广西地区再未见有野象的记载。

根据20世纪前期编撰的云南方志，只是在云南西南部和南部边境诸州县有野生亚洲象分布，表明云南地区从20世纪初期开始，野生亚洲象分布地区也迅速缩小。1938年《镇越县志》"物产"记载，野兽有象、犀牛，还特别记载："象、虎、豹、野牛、犀牛等尤以接近边地，人烟稀少之处较多，瑶人猎户亦时见猎获。……象之牙鼻，虎豹之皮，鹿筋鹿胎熊之掌等均有所产。"1949年《新纂云南通志》："象，沿边热地如腾冲（产南界猛硔各司地，今沦于英）思茅、车里、镇越等处产之，与印度象同类，鼻部长。"此记载表明，云南的野生象即为亚洲象。

据20世纪六七十年代调查，野生亚洲象仅分布在西双版纳、思茅和临沧地区[①]。

历史时期野生亚洲象在我国分布范围的缩小，在历史早期，可能主要是气候变化的结果。

早在石器时代，人们就已猎捕野生亚洲象，古代象牙还被作为神物用于祭祀。如四川广汉三星堆遗址中的两个祭祀坑中出土大量象牙。古代象还被用来作为战争的武器。如《吕氏春秋》卷五《古乐》："成王立，殷民反，王命周公践伐之。商人服象，为虐于东夷，周公遂以师逐之，至于江南。"再如《左传·定公四年》，吴伐楚，楚国"使执燧象以奔吴师"，此句意思是，楚国将燃烧的火把系在象尾，使

---

① 云南省动物研究所兽类组：《云南野象的分布和自然保护》，载于《动物学杂志》，1976年第2期，第38—39页。

之惊奔吴师。[1]隋唐以前，由于原始自然生态环境还有很大面积未被开垦，野生亚洲象还有很大的生存空间，故那时虽然对野象进行猎捕，对野象数量的影响还是较小的。隋唐以后，野生亚洲象分布范围日益缩小，主要是由于人们对野象的捕杀。如，《隋书·食货志》记载，东晋以后的南朝历代，岭南地区有犀、象之饶，朝廷设官以收其利，这无疑会大大增大对野生犀象猎捕的规模。再如，唐代的大理国猎捕象取其皮制作铠甲。另外，古代亚洲象因其长鼻被视为美味而被猎捕，但猎捕野生亚洲象更多的是为取其象牙。此外，随着人口的增加，农田面积的扩大，原始自然植被的破坏，野象生存空间日益缩小，人与野象之间的冲突越来越突显，加剧了人们对野象的猎杀。如，明代在广西南宁东面的横县设立驯象卫，派遣两万士兵去猎杀野象，进一步加剧野象数量的减少。

二、犀地理分布的变化

犀，又称犀牛，古代在我国曾有广泛分布，迄

---

① ［周］左丘明传，［晋］杜预注，［唐］孔颖达疏：《春秋左传正义》，《十三经注疏》，北京：中华书局，1980年影印版，第2136页。

今已在多处考古遗址中发现犀的残骨。其中，在距今7000—6000年的浙江余姚河姆渡遗址，出土苏门犀（*Didermocerus sumatrensis*）和爪哇犀（*Rhinoceros sondaicus*）残骨，①在距今6000多年前的河南西南部淅川县下王岗遗址，发现苏门犀残骨。②此外，还在汉江上游地区新石器时代遗址中发现犀的遗骸，③在距今3000多年前的河南安阳殷墟遗址亦发现犀牛残骨。④这些发现表明，在全新世中期，犀在长江流域和黄河下游广泛分布。

犀牛皮厚而坚硬，在中国古代被用来制作铠甲，胜于其他动物之皮。《周礼》中专门设有"函人"一职，掌管用犀牛皮制造的革甲。古代的革甲以犀之皮作为原料者居多，故此，古代文献中的"革"，多指犀牛之皮。如，《禹贡》"扬州"所贡物品有"齿

---

① 魏丰、吴维棠、张明华、韩德芬：《浙江余姚河姆渡新石器时代遗址动物群》，北京：海洋出版社，1989年版，第50—53页。

② 贾兰坡、张振标：《河南淅川县下王岗遗址中的动物群》，《文物》，1977年第6期，第41—49页。

③ 魏京武、王炜麟：《汉江上游地区新石器时代遗址的地理环境与人类的生存》，载于周昆叔主编《环境考古研究》（第一辑），北京：科学出版社，1992年版，第85—95页。

④ 中国社会科学院考古研究所编著：《殷墟的发现与研究》，北京：科学出版社，1994年版，第415页；袁靖、唐际根：《河南安阳市洹北花园庄遗址出土动物骨骼研究报告》，《考古》，2000年第11期，第75—81页。

革羽毛"; "荆州"所贡物品有"羽毛齿革"[1];
《周礼·夏官·职方氏》记载荆州物产"其利丹银齿
革",其中的"齿革"被认为是象牙和犀牛之革。[2]

中国古代地理著作《山海经》中记载有犀的地方
很多。《山海经·西山经》记载位于甘肃天水南面的
西汉水之源的"磻冢之山""兽多犀",还记载秦岭
西端的山地以及川北的山地等山地多犀,《中山经》
记载岷山以及四川东北部的米仓山或大巴山多犀。
《山海经》所记犀分布的最北界,西部应在秦岭,东
部应在安阳的纬度。

《国语·楚语》记载楚国出产犀牛,又在《越语
上》记载"夫差衣水犀之甲者亿有三千",其意为夫
差有数量众多的士兵用犀牛皮做铠甲,表明春秋时期
吴越地区多犀。

《吕氏春秋》卷三《季春纪》,记载工匠在季春
之时检查"五库",查看诸种用品是否齐备,缺者予
以制备:"是月也,命工师,令百工,审五库之量,
金铁、皮筋革、角齿、羽箭杆、脂胶丹漆,无或不

① ［西汉］孔安国传,［唐］孔颖达疏:《尚书正义·夏书·禹贡》,
《十三经注疏》,北京:中华书局,1980年影印版,第148、149页。
② ［东汉］郑玄注,［唐］贾公彦疏:《周礼注疏》,《十三经注
疏》,北京:中华书局,1980年影印版,第862页。

良。"①其中的"皮筋革"，即指犀牛之皮。此记载表明，战国时期以前，犀牛之皮被作为国家重要的必备物资。

西汉时期文献记载犀在长江流域和岭南地区都有广泛分布，见于汉代司马相如《子虚赋》、汉代桓宽《盐铁论》、汉代扬雄《蜀都赋》等文献。

上述记载表明，西汉以前，犀的分布，在西部可能以秦岭为北界，东部最北界可能为淮河，岭南地区分布更为广泛。

晋代左思《蜀都赋》描述蜀地"犀、象竞驰"，又晋代常璩《华阳国志》的《巴志》和《蜀志》也记载四川地区犀很多。

《新唐书·地理志》记载有12个郡的贡赋中有犀角：澧州澧阳郡、朗州武陵郡、道州江华郡、邵州邵阳郡、黔州黔中郡、辰州卢溪郡、锦州卢阳郡、施州清化郡、叙州潭阳郡、奖州龙溪郡、夷州义泉郡、溪州灵溪郡。这些州郡主要分布在湘西、贵州、川东和鄂西南地区。其中，位置最北的州为施州，大致相当于今湖北省西南部的恩施地区。

---

① 陈奇猷校释：《吕氏春秋校释》，上海：学林出版社，1984年版，第122页。

唐代长江下游地区则不见有犀的记载，可能与长江下游地区人口密度较高，经济开发程度也较高，生态环境受人类破坏相对较严重有关。

　　在西部的四川省，在北纬30°稍北还有野犀，见于唐裴庭裕《东观奏记》："山南西道观察使奏，渠州犀牛见差官押赴阙廷。既至，上于便殿阅之，仍命华门外宣示百僚。上虑伤物性命，终使抑还本道，复放于渠州之野。"①四川渠州捉到犀牛送到长安后，宣宗命令将其放回渠州。此记载又被《古今图书集成·博物汇编·禽虫典》卷六十九《犀兕部纪事》转引。

　　这一记载传达了两个基本信息：其一，表明当时四川中部地区野犀数量较少。渠州地区之所以把捕到的野犀送到京城，献给皇帝，表明犀在这里是很少见的珍奇之物，犀牛在渠州的出现，是祥瑞之兆。其二，宣宗命令把犀放回到捕获的地方——渠州，无疑是考虑野生犀在渠州能存活，而不是把犀牛放生到京城长安附近的秦岭山地中。若将犀放到长安附近的秦岭山地中，无疑可以少走许多路，会省许多事。为什么没有将犀牛放生到秦岭山地中呢？很可能是考虑到

————
① ［唐］裴庭裕：《东观奏记》卷下，文渊阁《四库全书》子部第184册，台北：台湾商务印书馆，1987年影印版，第344页。

历史时期中国生态环境演变史纲

199

在渠州以北放生，犀牛可能不能存活。另外，前面亚洲象一节已提到在四川中部与渠州临近的地区有捕到野象的记载，也可以说明，四川中部地区在唐代时期的生态环境还适合犀和象的生存，古代这里会有野犀分布，但数量很少。因此，渠州的纬度可作为野犀在四川盆地分布的最北界。这一纬度比湖北恩施的纬度稍偏北。渠州即今渠县，位于四川东部，地属川东山地丘陵区。

唐李吉甫《元和郡县图志》中有一处有关犀的记载是错误的。该书卷三十二《剑南道·松州》记载："贡、赋：开元贡：狐尾、当归、犀、牛酥。"[1]以往研究者，都把此记载作为唐代在松州有犀牛分布的依据。笔者认为，此处的"犀"是误写，本应是"犛"字，即牦牛。唐代松州不可能有犀牛存在。

古代云南地区犀也有很多。见于《后汉书·西南夷传》、晋代常璩《华阳国志·南中志》《新唐书·南蛮传》，以及前节所引《水经注》卷三十六记载澜沧江在永昌县以下两侧地区多犀象。唐代樊绰《蛮书》不仅记载云南西部地区有犀，还记载当地

---

① 　［唐］李吉甫撰，贺次君点校：《元和郡县图志》，北京：中华书局，1983年版，第810页。

人猎捕的方式："犀出越赕、丽水。其人以陷阱取之。""寻传川界、壳弄川界已出犀皮。"向达案："《后汉书》卷一百六十《哀牢夷传》汉和帝永元六年永昌郡徼外敦忍乙王慕延慕义遣使驿献犀牛、大象。《华阳国志》卷四永昌郡物产亦犀、象。则古代传说中伊洛瓦底江一带固产犀也。伊洛瓦底江古名丽水。""寻传川、壳弄川"二地，向达认为其在"怒江、丽水之间也"。①

古代犀在岭南地区很多，见于《史记·货殖列传》和《汉书·地理志下》《后汉书·贾琮传》《隋书·食货志》、唐代刘恂《岭表录异》②、唐代李肇《唐国史补》卷上③等文献。

宋代周去非《岭外代答》卷五记载邕州（今广西南宁地区）和钦州两个博易场的贸易情况，其交易物品中就有犀角，见前引注。宋王辟之《渑水燕谈录》卷九记载邕州出犀角："犀之类不一，生邕管之内及

---

① ［唐］樊绰著，向达校注：《蛮书校注》卷七《云南管内物产》，北京：中华书局，1962年版，第81页。
② ［唐］刘恂撰：《岭表录异》卷下，文渊阁《四库全书》史部第347册，台北：台湾商务印书馆，1987年影印版，第196页。
③ ［唐］李肇撰：《唐国史补》卷上，文渊阁《四库全书》子部第347册，台北：台湾商务印书馆，1987年影印版，第96页。

交趾者，角纹如麻，实燥少温润……"①

北宋时期川西山地有野犀，见于《宋史》卷四百九十六《蛮夷四》记载居住在黎州山后两林蛮于太平兴国二年（977）"贡犀二株"，黎州邛部蛮端拱二年（989）进贡物品中有"犀角二"，又于大中祥符元年（1008）贡"犀角、象齿……""两林蛮"位于今四川西部石棉、越西、甘洛诸县，这里为大相岭、小相岭和大凉山诸山所在。"邛部蛮"位于"两林蛮"西南部今西昌地区和大凉山部分地区，纬度偏南。川西地区犀牛分布北界似乎要比湘西地区偏北，这可能是由于川西地区多高山峡谷，人口较少，但也可能与青藏高原阻挡了来自北方冬季寒冷气流有关。

宋人撰写的《大观本草》记载："陶隐居云：今出武陵、交州、宁州诸远山。《图经》曰：犀角，出永昌山谷及益州，今出南海者为上，黔、蜀者次之。"②陶隐居为南朝名医陶弘景。

宋张世南《游宦纪闻》记载在成都药市出售的犀角来源："犀出永昌山谷及益州，今出南海者为上，

① ［宋］王辟之撰：《渑水燕谈录》卷九，文渊阁《四库全书》子部第342册，台北：台湾商务印书馆，1987年影印版，第522、523页。

② ［宋］唐慎微原著，［宋］艾晟刊订，尚志钧点校：《大观本草》，合肥：安徽科学技术出版社，2002年版，第573—574页。

黔蜀次之。此本草所载云。然世南顷游成都药市间多见之，询所出，云来自黎雅诸蕃，及西和宕昌，亦诸蕃宝货所聚。五羊、桂莞、桐城亦有之，往往皆来自蕃舶。又有所谓河北山犀……"①文中的永昌、益州为云南昆明地区和滇西地区，黎雅诸蕃为雅安、西昌等地区。

宋代乐史《太平寰宇记》记载有四个州的"土产"有犀角。这四州分别为夷州、费州、南州、西高州。这四州位于今重庆市与贵州省接壤，以及贵州省与湖南省接壤地带，这里的地形以山地为主。其中"南州"是四州中位置最北的一个，其地域大致为今重庆市东南的綦江和南川二县。西高州位于南州东南面，包括今贵州省的道真县、正安县。夷州位于西高州的东南，包括今贵州省的绥阳、湄潭、凤岗诸县。费州位于夷州的东面，包括今贵州省思南和德江县。

在上述四州之北，宋代文献中也见有犀的记载。如，《宋史·五行志》记载雍熙四年（987）"有犀自黔南入万州，民捕杀之，获其皮角"。野犀来到万州（今四川万州）被人们当作珍稀之物猎获，说明当时

① ［宋］张世南：《游宦纪闻》，文渊阁《四库全书》本。

万州已没有犀，万州出现的犀来自"黔南"，即北宋黔州州治以南地区，北宋黔州州治位于今四川彭水。

宋代《元丰九域志》记载有两个郡向朝廷各进贡犀角一支。此二郡是位于湖南省南部的衡州衡阳郡和邵州邵阳郡。宋代邢昺《尔雅》疏："《吴录地理志》云，武陵沅南县以南皆有犀。"①"武陵沅南县"位于湖南西南部。这些记载表明，湖南省南部和西南部有犀存在。

如果比较宋代犀牛分布的北界与唐代野生犀分布的北界，则宋代野生犀分布北界至少向南退缩了一个半纬度。这一退缩过程可能发生在唐代末年。

宋代东部沿海地区已不见有犀的记载，可能与东部沿海地区唐宋以后北方人口的大量移入，耕地的开辟和生态环境的破坏有关。而重庆市与贵州接壤地区及湖南与贵州毗邻地区之所以有犀的分布，是因这里多山，人口密度相对较低，生态环境相对较好。

宋代时期今重庆市东南、贵州、湖南西部的这一片犀牛分布区，可能和两广地区及云南地区的犀形成连续分布。

---

① ［晋］郭璞注，［宋］邢昺疏：《尔雅注疏·释兽》，《十三经注疏》本，北京：中华书局，1980年影印版，第2651页。

明代，据《大明一统志》记载，"土产"有犀角的州府有播州宣慰使司（卷七十二）和梧州府（卷八十四）。其中播州宣慰司还注明在废绥阳县出。梧州府则注明在郁林州出。明代播州宣慰使司位于今贵州省遵义地区，唐宋时期，这里均有犀的分布。梧州府郁林州位于今广西东南部，包括今玉林地区和钦州地区东部，境内有六万大山和位于两广交界地带的云开大山，野犀当分布于这两个山地。

明曹昭《格古要论》卷中《犀角》："出南蕃、西蕃，云南亦有。"①南蕃可能指岭南地区，西蕃可能指今川西地区。明代李时珍在《本草纲目》中亦记载："时珍曰：犀出西番、南番、滇南、交州诸处。有山犀、水犀、兕犀三种，又有毛犀，似之山犀，居山林，人多得之。水犀出入水中……"②这一记载表明，在明代我国还至少有三种犀。

上述明代文献记载有犀分布的地区，主要为岭南和云南，以及四川与贵州毗邻地区。

清初编撰的《古今图书集成·职方典》记载广东

———————

① ［明］曹昭：《格古要论》卷中，文渊阁《四库全书》子部第177册，台北：台湾商务印书馆，1987年影印版，第101页。
② ［明］李时珍：《本草纲目》卷五十一上，文渊阁《四库全书》子部第80册，台北：台湾商务印书馆，1987年影印版，第473页。

廉州府，广西梧州府、郁林州和贵州省遵义府绥阳县有犀。

《乾隆府厅州县志》记载土贡有犀角的府和州：四川重庆府（卷三十六）、酉阳州（卷三十八）和贵州石阡府（卷四十七）与遵义府（卷四十八）。

《嘉庆重修一统志》所记可能有犀牛生存的州府：四川统部的酉阳直隶州、贵州统部的石阡府和遵义府。

湖南省清代的许多方志在"物产"中记载有犀牛。《康熙郴州总志》"物产"记有"山牛"，《嘉庆郴州总志》"物产"中无山牛，而有犀，则山牛应为犀牛。《乾隆衡州府志》"物产"亦有"山牛"，该志关于"山牛"的描述："山牛，一角，类牛，出衡山。"《光绪衡山县志》亦有类似记载："山牛，一角，类牛，鸣声苍然，如扣钟声。"此山牛也应是犀。《嘉庆桂东县志》"物产"有犀，《同治桂东县志》"物产"也记载有犀。桂东县位于湖南东南部，地处罗霄山山脉南端，与南岭毗连。《道光永州府志》："九疑山有山牛，山人间有以皮售于外者，毛似水牛，言其声时鸣声锯然，若扣铜器（山志：山牛即山犀）。"永州府位于湖南省南部，其大部分地域为南岭山脉。《同治临武县志》"物产"有"兕"，临武县位于湖南省最南部。《同治绥宁县志》"物产"有"兕"，绥宁县位于湖南省西南部。《同治续修永定县志》"物产"："犀，有山犀、水犀、兕犀三种。山犀居山林，人多得之。水犀居水，最为难得。兕犀似水牛，青色，皮坚厚，可为铠甲入药。……永但有兕犀，俗呼犀牛，然究不多见。"《同治桑植县志》"物产"有犀："犀牛，县东二十里有犀牛潭。"永定县和桑植县都位于湖南西北部，永定县后改大庸县，即今张家界市，桑植县亦属张家界市。这些地方，除了永定县和桑植县位于湖南省西北部，郴州、衡山、桂东、永州、临武、绥宁诸州县都位于湖南省南部，其地形以山地为主，属南岭山脉。

另外，《康熙零陵县志》《乾隆清泉县志》《乾隆桂阳县志》《同治桂阳县志》《光绪兴宁县志》《光绪永兴县志》《民国汝城县志》诸志"物产"中都记载有"山牛"，但都无任何描述，虽不能肯定这些"山牛"都为犀牛，但其中有的"山牛"有可能是犀。

位于今重庆市东南部的酉阳县，清代中期编撰的《乾隆府厅州县志》和《嘉庆重修一统志》记载有犀，但在同治三年《增修酉阳直隶州总志》"物产志"中记载："犀，山犀也，前代有之。《唐书地理志》云，黔州贡犀角。《宋史》云，绍熙四年（1193），有犀自黔南入涪州，民捕杀之。"这一记载表明，清代晚期犀在这里似乎已不存在。然而，据1929年《桐梓县志》"物产"记载："光绪戊寅年（1878），马江坝渔人见出水洞口有如水牛，俯首摆尾，良久乃没；又丙申岁（1896），在东里与绥阳接境处，出独角兽。"该志作者在此独角兽后写道"其犀兕乎"，认为此独角兽可能为犀。桐梓县位于贵州省西北部，属遵义地区。此记载虽然表明到19世纪后期这里可能还有犀牛，但已是残存的极少个体。

清代两广地区仍有犀分布。嘉庆五年《广西通志》"物产"："犀牛，大约似牛形，而蹄脚似象，蹄有二甲；二角，一在额上，为兕犀。"道光十三年（1833）《廉州府志》"物产"中记载"山犀，间有"。

光绪五年（1879）《广州府志》卷十五记载东莞县有犀："犀，似水牛，猪首，大腹卑脚，有三蹄，黑色，舌上有刺，好食棘刺，皮上每一孔三毛，有一角、二角、三角者。"此记载是《广州府志》转引康熙时期编撰的《东莞县志》，因此，该记载并不表明到光绪五年（1879）时东莞县还有犀牛生存，但表明至少清代早期应有犀牛生存。

嘉庆时期撰修的《滇系》记载："野牛、犀牛、兕牛皆牛也，滇多有之。"[①]但据乾隆《腾越州志》"物产"中已无犀，并还特别记载"而今亦无此物，大抵今昔地气之盛衰不同也"，清代腾越州即今云南保山市腾冲县。故此，到嘉庆时虽然犀牛"滇多有之"，但并不是整个云南省，也不是云南南部所有地区，可能主要分布在西双版纳，以及思茅、临沧等南部和西南部地区。

上述清代文献记载表明，清代早中期，犀牛分布还较广，主要为三个较大分布地域，即湖南南部、两广的毗邻地区和云南省。此外，在湖南省的西北部和贵州省的西北部，还有个别地方残存极少犀牛。但到19世纪晚期，犀牛分布的地域范围迅速缩小。

到20世纪，只在云南省的几个县记载有犀的踪迹。1922年《元江志稿》"特别产"："犀牛，产南乡山箐中，大如牛，鼻端有小角。"1925年《禄劝县志》记载："犀牛，在掌鸠河中，不能见，见辄不利，头戴三角，夜行如炬，照数百步，或时脱角，则

① 《滇系》，嘉庆十三年（1808）修，光绪十三年（1887）重刊本，二余堂藏版，台北：成文出版社，1969年影印版，第178页。《广西通志》，嘉庆五年（1800）辑，《中国方志丛书》，台北：成文出版社，1966年影印版，第4779页。

历史时期中国生态环境演变史纲

藏于密处。"禄劝县位于云南省北部。此记载表明，该县的犀已很少见。1938年《镇越县志》"物产"记载野兽有象、犀牛，还特别记载"象、虎、豹、野牛、犀牛等尤以接近边地，人烟稀少之处较多，瑶人猎户亦时见猎获"。元江县和镇越县位于云南省南部。据调查，在20世纪30年代和40年代分别在云南省西南部的勐腊县和勐海县有野生犀牛被猎获。[①]又据蓝勇先生在云南思茅地区的调查，1945年还有人猎获到犀，[②]表明野生犀牛在云南至少存在到20世纪40年代。此后，中国境内不再有野生犀的报道。

三、大熊猫地理分布的变化

大熊猫是中国特有动物，有"活化石"之称。大熊猫第四纪期间在我国曾有广泛分布，但在体质和习性等方面和现生种有诸多不同。对于现生种大熊猫出现时间，学术界有不同见解。但在全新世中期，现生

---

① 罗铿馥：《犀牛在我国的绝灭》，《大自然》，1988年第2期，第40—41页。

② 蓝勇：《历史时期西南野生印度犀分布变迁研究》，《四川师院学报》（自然版）1992年第2期，收入作者《古代交通生态研究与实地考察》，成都：四川人民出版社，1999年版，第499—506页。

种应已出现。

在全新世中期的许多新石器时代遗址中，发现有大熊猫的遗骸。其中有：河南淅川下王岗遗址[①]、湖北建始县花坪[②]和广西来宾县芭拉洞洞穴遗址[③]。这三处发现大熊猫遗骸的遗址所在地区，地形都是以山地为主。大熊猫以竹子为食。古代秦岭北侧，竹子的分布很广，古代大熊猫在秦岭北坡生存是有可能的。考古发现大熊猫遗骨最北的地方是西安。在西安市南陵的西汉汉文帝之母薄太后墓葬发掘中，出土了大熊猫的头骨和牙齿。[④]西汉司马相如的《上林赋》描写汉武帝在西安周围所建上林苑的异兽中有"貘"。

在中国古代文献中，大熊猫有多种称谓："貘""貘豹""白豹""猛豹""貊"或"貊兽""貘""花熊"等。另外，中国古代所说的奇兽"貔貅"，据胡锦矗认为也是指大熊猫[⑤]。但根据古

① 贾兰坡等：《河南淅川下王岗遗址中的动物群》，《文物》，1977年第6期，第41—49页。
② 邱中郎、张玉萍、童永生：《湖北省清江地区洞穴中的哺育动物报道》，《古脊椎动物与古人类》，1961年第2期，第155—159页。
③ 王将克：《关于大熊猫种的划分、地史分布及其演化历史的探讨》，《动物学报》，1974年第2期，第191—200页。
④ 王学理：《汉南陵丛葬坑的初步清理——兼谈大熊猫头骨及犀牛骨骼出土有关问题》，《文物》，1981年第11期，第24—29页。
⑤ 胡锦矗：《大熊猫研究》，上海：上海科技教育出版社，2001年版，第4—5页。

代文献的描述，把"貔貅"作为大熊猫，尚存诸多疑点。

《山海经》中记载有大熊猫的地方很多。《西山经·西次首经》中的"南山""兽多猛豹"。"南山"，即西安南面的秦岭山地，古代称为终南山，也称南山。

西汉扬雄《蜀都赋》、东汉许慎《说文解字》都记载蜀地有"貘"，晋代郭璞为《山海经》作注指出"猛豹""出蜀中"。这些记载表明四川盆地及周边山地从汉代至晋代为大熊猫主要分布地区，古代云南地区也有大熊猫分布。《后汉书·南蛮西南夷列传》中记载永昌郡有"貊兽"。东汉永昌郡管辖今云南保山市、大理白族自治州和哀牢山以西的澜沧江和怒江两侧的广大地区，说明云南西部也曾有大熊猫分布。晋代常璩《华阳国志·南中志》亦记载永昌郡有"貊兽"。晋代魏完在《南中志》记载"貊兽"："毛黑白臆，似熊而小……出建宁郡也。"[1]晋代建宁郡为以昆明和滇池为中心的云南中部地区。

晋代无名氏撰《南中八郡志》："貊大如驴，状

---

① 刘纬毅：《汉唐方志辑佚》，北京：北京图书馆出版社，1997年版，第148页。

颇似熊，多力……"文中的"南中八郡"包括今云南省的绝大部分地区以及广西西南部和南部的合浦地区与广东西南部的湛江地区和雷州半岛等地。文中未明确记载此八郡中哪几个郡有大熊猫分布，显然，不可能八郡中都有分布，但表明在此八郡中不止一郡有大熊猫分布，可见其分布地域很广。

唐代《图经本草》记载"黔、蜀中有貊，土人山居，鼎、釜多为所食"。①

唐代白居易在《貘屏赞并序》中称大熊猫分布于南方山谷中。②

明代记载大熊猫的文献仅有《大明一统志》和李时珍《本草纲目》。前者在《天全六番招讨使司》"土产"记载有"貊"。天全六番招讨使司"东至雅州界五十里"，雅州即今雅安。天全六番招讨使司辖今四川泸定县和天全县及康定县的部分地区，境内有夹金山和二郎山等山地。雅安地区今天是我国大熊猫的主要分布区，因此，《大明一统志》所记载的"貊"当是大熊猫。《本草纲目》卷五十一记载"今

---

① 转引［清］陈元龙：《格致镜原》，文渊阁《四库全书》子部第338册，台北：台湾商务印书馆，1987年影印版，第534页。
② 转引［清］吴宝芝：《花木鸟兽集类》卷下，文渊阁《四库全书》子部第340册，台北：台湾商务印书馆，1987年影印版，第83页。

历史时期中国生态环境演变史纲

213

黔、蜀及峨眉山中时有貘"①。

清代记载大熊猫的方志较多，所记大熊猫主要分布在川、黔、鄂接壤地区、川西地区、云南西部地区，在广西也曾有大熊猫分布。见以下诸方志。雍正十一年《广西通志》卷三十一"物产""桂阳府"："按旧志载白貘、庞降诸物产，只以传疑，今不敢传会。"②其中的白貘，应指大熊猫。"旧志"可能为明代或清初方志。这一记载表明，广西桂阳地区也曾有过大熊猫，只不过到雍正时已消失，故对旧志中这一记载表示疑问。

清代湖南省西北部地区有大熊猫分布。《同治直隶澧州志》"物产"有"貊"，澧州位于湖南省西北部，大致辖今张家界市以及澧县、石门、慈利、安乡等县。《嘉庆永定县志》物产"貊多力好食竹，皮大毛粗，黄黑色……邑多有之。"《同治续修永定县志》"物产"有"貊"。清代湖南省永定县即今张家界市。

贵州省，道光《遵义府志》"物产"有"貘"。

①　［明］李时珍：《本草纲目》卷五十一上，文渊阁《四库全书》子部第80册，台北：台湾商务印书馆，1987年影印版，第470页。
②　《广西通志》卷三十一，雍正十一年（1733），文渊阁《四库全书》史部第323册，台北：台湾商务印书馆，1987年影印版，第763页。

与贵州省遵义市接壤的重庆市东南部的酉阳县在清代初期曾有大熊猫分布。乾隆《酉阳州志》"物产"有"貘"，但《同治增修酉阳直隶州总志》记载："貘，食铁兽也，国初州北小坝等地有之。"文中的"国初"即清初，表明到19世纪后期这里已无大熊猫。

清代前期，湖北省西部曾有大熊猫分布。乾隆《竹山县志》"物产"有"貘"，同治《竹山县志》"物产"有"貘"，同治《长阳县志》"物产"有"貘"。长阳县位于湖北西南部宜昌地区。

上述记载表明，湘、鄂、川、黔接壤地带，在19世纪后期以前，是大熊猫的重要分布区。在19世纪末、20世纪初以后，这些地区不再见到有关大熊猫的记载。

四川省在清代有很多方志记载有大熊猫。道光《略阳县志》卷一《舆地部》："白熊山，《雍胜略》：在县东八十里，昔有白熊出此。"《雍胜略》可能为清代前期编写的一部方志。据此，清代早期这里可能还有大熊猫，道光时已不存在。

《中国地方志集成·四川府州县志辑》汇集了清末和民国时期的方志，其中记载有大熊猫分布的县有以下一些：《光绪重修彭县志》"物产"有花熊，此花熊应为大熊猫。彭县位于成都西北部，位于它北面的汶川县，在20世纪末还有大熊猫，并在此建有大熊猫自然保护区，故彭县的"花熊"为大熊猫是可信的，而且，彭县的位置紧邻成都平原，说明在19世纪，在紧邻人口较稠密的成都平原的川西山地，亦有大熊猫分布。《光绪雷波厅志》"物产"有"貘"。《民国汶川县志》"物产"有"白熊，亦为熊猫"。《民国古宋县志》："豹，有赤豹、白豹、金钱豹之分。"其中白豹应为大熊猫。《民国西昌县志》："貘，体形似羊，毛尾俱短，鼻长，前后肢相等，草食性，黄木、西锦川两乡常见之。以其无大用处，猎之者少。"《民国康定县图志》"鸟兽"有"白熊"。《民国夹江县志》卷十二"祥异"："光绪丁酉年，县西北山多猛豹，白昼伤人，行者必众乃可避免。"后经"驱逐并焚香饬山神制止，始匿迹"。又据调查，20世纪初在川西康定地区多次捕获到大熊猫，[1]证明《民国康定县图志》所记"白熊"应是大熊猫。

位于西昌地区和康定地区北部的川西大小相岭，到20世纪70年代，经调查仍有大熊猫分布，但其分布

---

[1]　高耀亭：《中国动物志·兽纲》，北京：科学出版社，1987年版，第117页。

范围已大大缩小，栖息地呈两个隔离的地区，即大相岭的洼山和小相岭北部的宝山，分别隶属洪雅、峨眉、峨边、荥经、汉源5县和越西、石棉、冕宁、九龙4县。到20世纪90年代，其分布范围又进一步退缩。[①]

上述记载表明，清代在四川省的南部、北部和川西山地都有大熊猫的分布。其中尤以川西地区大熊猫分布范围最广，在地域上可能为连续分布。

云南西部地区，汉代、晋代文献都记载有大熊猫分布。直到20世纪初期，仍有大熊猫分布。光绪三十四年（1908）《云南地志》记载："貘、猩猩，出永昌。"再后来，1929年《续云南备征志》记载："貘，永昌有之。"清代和民国时期的永昌府，包括今云南西南部的保山地区及临沧地区西部。这表明，20世纪早期，云南西部个别县还有大熊猫分布。

总之，历史上从川西北的汶川、彭县向西南，经邛崃山地、峨眉山、汉源地区、大小相岭，大凉山到安宁河谷两侧的西昌地区，向西到康定地区，乃至到云南西部，历史上都曾有大熊猫分布，这些地区曾是大熊猫连续分布区。

---

① 杨旭煜：《大小相岭的大熊猫》，《大自然》，1991年第2期，第33—34页。

　　据调查，20世纪60年代初期，康定地区再没有发现过大熊猫，[①]西昌地区和云南西部地区也未见有大熊猫的报道。

　　另外，甘肃南部的文县、迭部和舟曲，据20世纪70年代的调查，还有大熊猫分布。[②]这一调查结果很重要，意味着这里历史上曾是四川西部地区大熊猫分布区与秦岭大熊猫分布区联系的通道。

　　到20世纪中期，大熊猫分布范围进一步缩小。据统计，自20世纪50年代至20世纪末，大熊猫栖息地丧失了4/5，仅存10000余平方千米，分布于四川、陕西和甘肃的34个县境内，分成20个孤立的分布区，[③]这些孤立的分布区主要位于川西山地。此外，在陕南秦岭南坡的佛坪及邻近县尚有大熊猫残存。据20世纪90年代调查，甘肃南部地区只在文县境内的白水川畔有大熊猫的踪迹[④]。自20世纪70年代以来，在国家主管部门主持下，进行了三次全国性大熊猫普查。其中，1985—

---

① 高耀亭：《中国动物志·兽纲》，北京：科学出版社，1987年版，第117页。

② 甘肃省珍贵动物资源调查队：《甘肃的大熊猫》，《兰州大学学报（自然科学版）》，1977年第3期，第88—99页。

③ 《中国大熊猫保护区的现状、困扰和发展》，《野生动物》，1990年第6期，第9—11页。

④ 黄华梨：《甘肃大熊猫及其食物现状》，《野生动物》，1990年第4期，第19—20页。

1988年的第二次普查结果表明有大熊猫1100多只；1999—2003年的第三次全国性普查表明，大熊猫种群数量比第二次全国性普查时有所增加，大熊猫自然保护区增加到40个[①]。

历史时期大熊猫分布范围的缩小，其主要原因应是人类活动对山地植被的破坏，导致大熊猫生存空间缩小。

四、麋鹿地理分布的变化

麋鹿是中国特有动物，又名四不像或四不像鹿，是鹿科动物中体型较大的。麋鹿在中国曾广泛分布。麋鹿有宽大的偶蹄，以水草为主要食物，故较能适应沼泽及湿地的自然环境。

20世纪30年代，在河南安阳殷墟遗址中发掘出的众多兽骨中就有麋鹿的遗骨并被给予科学定名。[②]此后，麋鹿遗骸在中国境内第四系地层中发现上百处，其分布很广。表明第四纪时期，麋鹿在中国境内曾有广泛分

① 国家林业局：《全国第三次大熊猫调查报告》，北京：科学出版社，2006年版，第10—26页。
② 德日进、杨钟健：《安阳殷墟之哺乳动物群》，载于《中国古生物志》丙种第12号第1册，1936年6月，第4页。

布。麋鹿遗骸在新石器时代考古遗址中和全新世中期地层中也不断被发现。这些遗址分布的地域有：北京东部平原、豫北、豫东、鲁西、苏北、长江三角洲。

我国历史文献有关麋鹿的记载很多。

古代黄河下游地区麋鹿很多，有时对农作物造成灾害。如《春秋》庄公十七年"冬，多麋"。春秋时期的鲁国位于山东省西南部，这里古代有巨野泽等湖沼。再如《左传·宣公·十二年》记载楚军伐郑："及荥泽，见六麋，射一麋。"荥泽位于郑州西。

《孟子·梁惠王》："孟子见梁惠王，王立于沼上，顾鸣雁麋鹿……"①春秋时期的梁国位于今河南省中部，其都城位于今开封。这一记载表明，春秋时期，今河南省中部地区麋鹿分布很广。

上述记载表明，古代黄淮海平原麋鹿很多。

古代湖北江汉平原，湖沼广布，麋鹿很多，见于《墨子·公输》："荆有云梦，犀、兕、麋、鹿满之。"②

《山海经》的《五藏山经》中记载秦岭西端、山

---

① ［东汉］赵岐注：［宋］孙奭撰：《孟子注疏》，《十三经注疏》，北京：中华书局，1980年影印版，第2665页。

② 唐敬果选注：《墨子》，《学生国学丛书》，上海：商务印书馆，民国十五年（1926）版，第173页。

东半岛、湘赣地区、四川盆地西部，以及黄淮海平原的西部和北部都有麋鹿分布。

汉代傅毅《洛都赋》，描写帝王在洛阳北山狩猎，猎捕的动物主要为麋鹿①。汉代扬雄《蜀都赋》记载今四川有"野麋"。

《续汉书·郡国志三》记载广陵郡东阳县多麋。②东汉广陵郡为今扬州地区。晋张华《博物志》记载："海陵县扶江接海，多麋鹿，千百为群，掘食草根……"③海陵县即今江苏泰州，这里为滨海地区，多沼泽。南朝梁时的名医陶弘景在《名医别录》中也记载海陵地区麋鹿最多，千百成群。

晋常璩《华阳国志》卷三《蜀志》益州郪县："宜君山出麋，尾特好，入贡。"④古代郪县位于四川北部，辖今三台县大部、中江县南部及射洪县西北部。

唐李吉甫《元和郡县图志》记载江南道明州属下的翁洲："其洲周环五百里，有良田湖水，多麋

---

① ［汉］傅毅：《洛都赋》，文渊阁《四库全书》子部第194册，台北：台湾商务印书馆，1987年影印版，第394页。
② ［南朝宋］范晔撰，［唐］李贤等注：《后汉书》，北京：中华书局，1982年版，第3461页。
③ ［晋］张华：《博物志》，《丛书集成》本，上海：商务印书馆，民国二十五年（1963）版，第79页。
④ ［晋］常璩撰，刘琳校注：《华阳国志校注》卷三《蜀志》，成都：巴蜀书社，1984年版，第263页。

鹿。"翁洲即今舟山群岛。该书卷三十九记载陇右道廓州化城县"扶延山，在县东北七十里，多麋鹿"，扶延山位于青海省西宁市东南，今化隆县境。

宋代乐史《太平寰宇记》记载"桂州"土产有麋皮。宋代桂州位于今广西壮族自治区东北部，地域范围包括今桂林、荔浦、龙胜等市县。宋沈括《梦溪笔谈》卷二十六《药议》记载，契丹人居住的西辽河流域有麋。宋欧阳修在《使辽录》中记载，西辽河流域的契丹人"四五月打麋鹿"。辽代时期，西辽河冲积平原被称为"辽泽"，湖沼很多，适合麋鹿生存。宋代罗愿《尔雅翼·释兽》记苏北濒海地区多麋："麋，今海陵最多，多牝少牡。"①

明代记载有麋鹿的方志很多，其地域有京津以及河北平原、晋西南地区、长江流域西至湖北的秭归，东至长江三角洲的滨海地带，包括湖北、湖南、安徽诸省的长江两侧地区，江西的鄱阳湖周围、江苏诸省的长江两侧及苏北沿海地区、浙江的杭州湾沿岸；南方的珠江三角洲等地区。这些地区中的大部分，一直到清代，在其方志中还记载有麋鹿存在。另外，明代胶东半岛麋鹿之

① ［宋］罗愿：《尔雅翼》，文渊阁《四库全书》经部第216册，台北：台湾商务印书馆，1987年影印版，第421页。

多还造成灾害。如明嘉靖《青州府志》卷五《灾祥》记载正德九年（1514）："诸城县东北境多麛，人捕食之不绝。"[1]诸城位于今胶东半岛东部。胶东半岛北部为莱州湾，沿海地带有广阔的滨海滩地。

清代文献除了山东省不见麋鹿记载，北至东北和河北；西至山西、陕西关中和甘肃陇东地区，四川盆地和贵州、广西；东至江苏苏北滨海、苏南、浙江、福建、广东诸省海滨以及台湾省；南至海南省都有广泛分布。有的地区直到20世纪中期还有麋鹿生存。

苏北地区在历史上一直是多麋鹿的地方，这是由于苏北地区滨海有广阔的沼泽地。清代记载这一地区有麋鹿的方志也很多。康熙《重修赣榆志》、乾隆《云台山志》、雍正《泰州志》"物产"有麋鹿。乾隆《直隶通州志》、道光《云台新志》、光绪《安东县志》和光绪《通州直隶州志》"物产"都有麋。清代通州辖今南通市及如东、如皋、靖江诸县。

20世纪末，上海崇明岛出土未石化的麋鹿骨骸，经¹⁴C测年，只有235±70年[2]，其生存时代当为乾隆时

① 嘉靖《青州府志》，嘉靖四十四年（1565）刻本，《天一阁藏明代方志选刊》，上海：上海古籍书店，1965年影印版，第31页。
② 丁玉华、曹克清：《中国麋鹿记事》，《野生动物》，1998年第2期，第7页。

期。这表明18世纪上海附近的崇明岛也有麋鹿。这里的麋鹿和苏北地区的麋鹿应是连续分布。

苏南地区有关麋鹿的记载：康熙《江宁县志》和光绪八年（1882）《宜兴荆溪县新志》"物产"记载有麋。

清代浙江也有麋鹿。康熙《上虞县志》、康熙《仁和县志》、康熙《钱塘县志》"物产"有麋。雍正《宁波府志》"物产""麈产象山"，"麈"即麋鹿。雍正《慈溪县志》、乾隆《象山县志》、道光《东阳县志》、同治《嵊县志》、光绪《缙云县志》记载有麋鹿。缙云县位于丽水市东北。

清代乾隆时期以前福建省的方志记载表明，麋鹿在福建的东西南北中各个地区都有分布。乾隆时期以后，麋鹿在福建分布范围大为缩小。

台湾历史上也曾有麋鹿分布。康熙年间编撰的两部《台湾府志》在"土产"项下都记载有麋[1]。乾隆二年（1737）《福建通志》卷十"物产"记载"台湾府"有麋和鹿。

清代广东省记载有麋鹿的方志很多。粤北地区只在清代前期方志记载有麋鹿，而珠江三角洲的中山县

---

[1] ［清］蒋毓英等修：《台湾府志》三种，北京：中华书局，1985年影印版，第904页。

（清代为香山县）直到19世纪末还有关于麋鹿的记载。

广西地区，清代同治《梧州府志》"物产"有麋。

海南岛也曾有麋鹿，见于清道光《琼州府志》。1869年英国博物学者斯文霍（Swinhoe. R.）在海南岛搜集到两张鹿皮，后收藏于大英博物馆。1965年由英国动物学家道波罗鲁卡（Dobroruka L. J.）研究鉴定为麋鹿。[①] 表明海南不仅有麋鹿，而且可能一直存在到19世纪末。

江西省在19世纪后期的新建县、义宁州、武宁县、吉水县诸县志记载有麋鹿。新建县位于赣东北，义宁州和武宁县位于赣西北，吉水县位于赣江中游。

清代末年的光绪时期，湖南省记载有麋鹿的方志有邵阳县、靖州、兴宁县诸县志。靖州位于湖南省西南部；兴宁县即今湖南省东南部资兴，属郴州市。这些记载表明，到19世纪末，湖南省还有许多地区有麋鹿分布。

安徽省据康熙《怀宁县志》和康熙《太湖县志》记载，"物产"有麋。清代怀宁县即今安庆，太湖县即今安徽省西南部的太湖县，都位于长江北侧，湖泊很多，适合麋鹿生存。光绪《广德州志》记载有麋鹿。这些记载表明，到19世纪末，在安徽省长江两侧

---

① 丁玉华、曹克清：《中国麋鹿历史纪事》，《野生动物》，1998年第2期，第7—8页。

地区还有麋鹿。

湖北省到清代中期麋鹿还很多。如，《嘉庆重修一统志》记载湖北安陆府"其产饶麋鹿"，"地多卑湿"。安陆府包括今湖北中部的潜江、天门、京山、钟祥诸县，这些县的地域有很大部分为江汉平原。直到19世纪后期，湖北省谷城县、竹山县、巴东县、嘉鱼县、通城县、孝感县诸县志都记载有麋。

北方直到清代还有许多方志记载有麋鹿。河北省东北部的承德地区围场县，是清代帝王狩猎之处，康熙皇帝在位时，在此多次猎到麋鹿①。乾隆四十九年（1784）《钦定热河志》卷九十五"物产"记载："围场内多鹿狍而少麋，迤南始有之。"表明乾隆时围场麋鹿已少。

清代前期山西省许多地区的志书记载有麋鹿，见于康熙《永宁州志》。清代永宁州即离石县。还有乾隆《稷山县志》和乾隆《临汾县志》，均记载有麋鹿。

陕西省有麋。据乾隆《西安府志·物产》记载："麋，似水牛，顺治五年（1648）兴平河得一物，色青黑，头角如鹿，尾如马之秃者……识者云麋也。"

---

① 光绪《围场厅志》卷十四《康熙五十八年八月对御前侍卫言》。

兴平县位于咸阳西面渭河北侧，渭河下游两岸有连绵的滩地，为麋鹿的生存提供一定条件。位于陕南的商州和镇安县在乾隆时期方志记载有麋。镇安县位于秦岭南侧，属汉中地区。

西南的云贵川地区，历史上麋鹿分布也很广泛。

直到清代末年的同治、光绪时期，四川地区涪州、高县、巫山县、梁山县诸县志都记载有麋鹿。高县位于川南宜宾地区的川滇接壤处，梁山县位于川东地区。

《嘉庆重修一统志》记载贵州大定府"土产"有麋。大定府位于贵州省最西部，包括今六盘水市、纳雍、织金、毕节、黔西、赫章、威宁诸市县。其中，威宁县有面积广大的草原，今天已成为国家自然保护区。

清代东北地区麋鹿分布很广。清代前期东北南部的辽东半岛有麋鹿，见于康熙《铁岭县志》、康熙《盖平县志》和乾隆《盛京通志》以及《嘉庆重修一统志》奉天府和吉林的"物产"有麋鹿。东北北部地区的黑龙江省，清代嘉庆十五年（1810）的《黑龙江外纪》卷五记载，黑龙江将军和都统向乾隆和嘉庆二帝祝寿进贡物品有麋鹿。

民国《呼兰府志》："麋，似鹿，色青黑，亦有角，仲冬解，则所谓麋茸也。"①

内蒙古东南部毗邻东北地区的敖汉、奈曼、库伦诸旗地域，清代乾隆时期设塔子沟厅，乾隆三十八年（1773）《塔子沟纪略》卷九"土产"中记载"野兽"有麋。②

上述东北地区及西辽河流域在清代有麋鹿分布，与宋代沈括、欧阳修、陆佃等有关西辽河流域和东北地区有麋鹿的记载可互相印证。

20世纪前期记载麋鹿的方志有以下诸省。

山西省，民国七年（1918）《闻喜县志》"物产"中记载："麋，民国三年（1914）获一头。"表明麋鹿在晋西南地区至少存在到20世纪初。山西省晚于此的方志不再见有麋鹿的记载，此记载也是黄河流域有关麋鹿的最晚记录。

四川省，民国灌县志和汶川县志"物产"记载有麋鹿。

湖北省，民国《枣阳县志》记载有麋鹿。

---

① ［清］《长白汇征录》，宣统二年（1910）铅印本；《呼兰府志》，民国四年（1915）铅印本，《中国方志丛书》，台北：成文出版社，1970年版。
② 乾隆三十八年（1773）《塔子沟纪略》，《辽海丛书》本，沈阳：辽沈书社，1985年版。

浙江省，民国嵊县和象山县志记载有麋。

福建省，民国时期南平县、霞浦县、屏南县、宁化县、沙县诸县志，"物产"中有麋。

广东省，民国四会县、阳山县、始兴县的县志记载有麋鹿。

广西省，光绪《藤县志》和民国怀集县、灵川县、榴江县、灵川县诸县志记载有麋鹿。而民国《来宾县志》则记载："麋鹿当清同治、光绪间东山及长顺团山中最多，近日渐少。"表明到20世纪早期，麋鹿在广西渐趋消失。

20世纪三四十年代，索尔比曾在上海附近获得麋鹿标本。[1]此麋鹿可能来自苏北滨海地带。

上述记载表明，我国野生麋鹿消失的时代很晚，并不是如以前所认为的，在1900年八国联军攻打北京、掠走北京南海子的麋鹿之时。可能直到20世纪40年代，野生麋鹿才最后消失。

20世纪末，我国在盐城地区大丰县和湖北省石首市天鹅洲建立麋鹿自然保护区，以及在北京建立北京南苑麋鹿苑。

---

[1] 车驾明：《麋鹿野外放养在盐城大丰自然保护区初获成功》，《野生动物》，2000年第3期，第47页。

五、扬子鳄与马来鳄地理分布的变化

中国历史上有两种鳄鱼，一是扬子鳄，一是马来鳄。这两种鳄鱼在中国古代分别有不同称谓：扬子鳄被称为鼍，马来鳄被称为鳄或鳄鱼，表明在中国古代人们已认识到这两种鳄鱼的差别。

1. 扬子鳄地理分布的变化

扬子鳄（*Alligator sinensis*）的残骨在黄河下游地区新石器时代的多处遗址中被发现。其中有距今约8000年前的河南舞阳贾湖遗址[①]、距今约6000年前的山东大汶口遗址[②]、属于北辛文化和大汶口文化早期的山东兖州王因遗址[③④]、约7000年前的长江三角洲地区浙江省桐乡县罗家角遗址[⑤]。此外，在山西临汾市东南的

① 张居中、孔昭宸、陈报章：《试论贾湖先民生存环境》，载于《环境考古研究》（第二辑），北京：科学出版社，2000年版，第41—43页。
② 山东省文物管理处、济南市博物馆编：《大汶口——新石器时代墓葬发掘报告》，北京：文物出版社，1974年版，第157页。
③ 周本雄：《山东兖州王因新石器时代遗址中的扬子鳄遗骸》，《考古学报》，1982年第2期，第251—259页。
④ 中国社会科学院考古研究所：《山东王因——新石器时代遗址发掘报告》，北京：科学出版社，2000年版，第68页。
⑤ 罗家角考古队：《桐乡县罗家角遗址发掘报告》，《浙江省文物考古所学刊》，北京：文物出版社，1981年版。

襄汾县陶寺遗址发现有鼍鼓。[①]

我国古代用扬子鳄的皮制鼓，《诗经·大雅·灵台》有"鼍鼓逢逢（péng péng）"[②]之语。"鼍鼓逢逢"意为用扬子鳄皮做成的鼓，发出"逢逢"之声。此记载表明，周代时期，黄河流域至少在黄河下游地区还有扬子鳄分布。

《礼记·月令》："季夏之月……命渔师伐蛟、取鼍。"[③]《吕氏春秋》卷六《季夏纪》亦有相同记载。此记载表明，捕鼍成为常制。捕鼍可能是为了取其皮用来制作鼍鼓。《吕氏春秋》卷十三《谕大》记载大的水体中有扬子鳄："山大则有虎豹熊蟆蛆，水大则有蛟龙鼋鼍鱣鲔。"[④]此两条记载表明，周代乃至春秋战国时期至少黄河下游地区还有扬子鳄分布，这里有众多湖沼，适合扬子鳄生存。

《山海经·中次九经》记载岷江流域多鼍："岷山，江水出焉……其中多良龟、多鼍。"

① 中国社科院考古所山西队、临汾地区文化局：《1978—1980年山西襄汾陶寺墓地发掘简报》，《考古》，1983年第1期，第30—42页。
② ［西汉］毛亨传，［东汉］郑玄笺，［唐］孔颖达疏：《毛诗正义》，《十三经注疏》，北京：中华书局，1980年影印版，第525页。
③ ［东汉］郑玄注，［唐］孔颖达疏：《礼记正义》，《十三经注疏》，北京：中华书局，1980年影印版，第1370页。
④ 陈奇猷校释：《吕氏春秋校释》，上海：学林出版社，1984年版，第722页。

《墨子·公输》记载墨子到楚国劝说楚王不要攻打宋国，说到楚国物产丰富："荆之地方五千里……江汉之鱼、鳖、鼋、鼍为天下富……"①

东汉张衡《南都赋》描写"水虫"有"鼍"。②南都为河南南阳地区。

宋陆佃《埤雅》卷二《鼍》："《诗》曰：鼍鼓逢逢。先儒以为鼍皮坚厚，取以冒鼓，故曰鼍鼓。盖鼍鼓非特有取于皮，亦其鼓声逢逢，然象鼍之鸣，故谓之鼍鼓也。……江淮之间谓鼍鸣为鼍鼓，亦或谓之鼍更。更则以其声逢逢然如鼓，而又善夜鸣……"③这一记载表明，江淮之间和吴越地区都有扬子鳄分布。

北宋江少虞在《事实类苑》中记载，开封有鼍："至道二年夏秋间，京师鬻鹑者积于市，诸门皆以大车载而入，鹑才值二钱。是时雨水绝，无鼍声，人有得于水次者，半为鹑，半为鼍，乃鼍之变也。列子天瑞篇曰鼍变为鹑，张湛注云，事见墨子，斯不谬矣。

---

① 唐敬杲选注：《墨子》，王云五主编《万有文库》，北京：商务印书馆，民国二十二年（1933）版，第173页。
② ［东汉］张衡：《南都赋》，载于《文选》卷四，文渊阁《四库全书》集部268册，台北：台湾商务印书馆，1987年影印版，第67页。
③ ［宋］陆佃：《埤雅》卷二，文渊阁《四库全书》经部第216册，台北：台湾商务印书馆，1987年影印版，第69、70页。

又田鼠变为鹌，盖物之变非一揆也。"①"至道"为北宋第二个皇帝宋太宗年号，至道二年为公元996年，文中"京师"为北宋京城开封。此段记载反映了开封周围的河湖等天然水体中原来是有野生扬子鳄的，因"雨水绝"，河湖等天然水体有的干涸，有的面积大大缩小，鼍也销声匿迹。人们对鼍的消失和鹌鸟的增多这一自然界的变化不能理解，却把二者联系起来，认为是相关的变化，虽然这种认识是错误的，但却记录了重要的信息，这就是北宋时期在开封地区扬子鳄的分布状况及其生存环境发生重大变化。另据南宋朱翌《猗觉寮杂记》记载："宣和己亥，都城北小民家，晨起见一物，如龙，伏床下，大惊，都人竞往观之，禁中取验之，乃鼍也。"②都城指北宋都城开封。此记载表明，当时开封地区的扬子鳄基本上已绝灭，人们不识其为何物。宣和己亥为公元1119年，为宋徽宗时期，距宋太宗至道二年已有100多年，说明此时扬子鳄在黄河流域基本消失。

① ［宋］江少虞：《事实类苑》卷六十三《风俗杂志·鼍变为鹌》，文渊阁《四库全书》子部第180册，台北：台湾商务印书馆，19887年影印版，第539页。
② ［宋］朱翌：《猗觉寮杂记》卷下，文渊阁《四库全书》子部第156册，台北：台湾商务印书馆，1987年影印版，第487页。

历史时期中国生态环境演变史纲

上述考古发现和文献记载表明，在战国时期以前，黄河流域和长江中下游，西面包括汉水流域和四川盆地，扬子鳄有广泛分布。到北宋前期，黄河下游的开封地区仍有扬子鳄分布，但到北宋后期，开封地区扬子鳄已基本消失。

明代扬子鳄在今武汉以西的江汉平原上还有广泛分布。如，明嘉靖《沔阳州志》，"物产"有鼍。明代沔阳州位于今武汉市西部，所辖地域为汉水和长江之间的江汉平原，历史上湖沼众多，汉代这里的扬子鳄曾广泛分布，明代这里有扬子鳄分布是有可能的。

清代湖北省还有扬子鳄。光绪《黄州府志》记载："鼍，水陆俱有之。江畔苦其攻岸，俗呼猪婆龙，顺索而出，破芦为篾，击之，即不动，肉味鲜美。"清代黄州府位于湖北省东部，包括今黄冈、麻城、罗田、蕲春、新洲等县。此记载表明，清代末年扬子鳄在湖北省东部分布也很广泛。同治《监利县志》"物产"有鼍。另外，乾隆《钟祥县志·物产·鳞之属》记载："龙，东西深山龙蛰其中。"光绪《武昌县志·物产·鳞之属》也记载："龙，山泽中多石洞，龙藏其中，天雨则出，雨后即归……"这两则记载的"龙"很可能就是扬子鳄。

同治《石门县志》："鼍，皮可冒鼓，力能攻岸，夜鸣应更。鼍与鼋石门亦不常见。"石门县位于湖南省西北部澧水下游。此记载表明，至19世纪后半期这里有扬子鳄，但已少见。

清代江西省有扬子鳄分布。同治《余干县志》"物产"有鼍。余干县位于江西省鄱阳湖东南，表明鄱阳湖周围有扬子鳄生存。

清代安徽省记载有扬子鳄的府和县的方志很多：康熙《安庆府志》、乾隆《望江县志》、乾隆《铜陵县志》、嘉庆《庐州府志》、嘉庆《无为州志》、嘉庆《黟县志》、道光《续修桐城县志》、光绪《贵池县志》、光绪《续修庐州府志》、光绪《广德州志》。其中，广德州即今安徽省东南部与浙江省湖州市接壤的广德县。这些州县大多位于长江两侧，表明清代扬子鳄在安徽省长江两岸地区有广泛分布，而且，从长江向两侧距长江很远的地方都有扬子鳄的分布，如长江北侧到桐城地区，南侧到安徽省的最南部和东南部的广大地区。

清代江苏省"物产"中记载有扬子鳄的方志也很多：乾隆《太湖备考》、嘉庆《扬州府志》、嘉庆《东台县志》、道光《重修仪征县志》、光绪《增修

历史时期中国生态环境演变史纲

甘泉县志》。值得指出的是，民国《甘泉县续志》"附录"中称："鼋鼍江海产，前志误列，今削之。"表明此时扬子鳄在该地已消失，该志编写者竟不知以前扬州地区曾有过扬子鳄，故称前志"误列"。甘泉县属扬州府。这一情况表明，到19世纪末或20世纪初，在扬州地区扬子鳄已经消失。《光绪丹徒县志》"物产"记载清道光时期该县焦山曾有鼍，太平天国时期之后则消失。

以上事实表明，19世纪后期和20世纪初，扬子鳄分布范围迅速缩小。

1933年《吴县志》"物产"有鼍，表明20世纪30年代太湖地区有扬子鳄分布。

20世纪50年代，朱承琯经实地调查，报道扬子鳄分布于长江以南、天目山以北和太湖以西地区，包括安徽南部青弋江沿岸的南陵、泾县、宣城、宁国，江苏的高淳、宜兴及浙江省的吴兴、长兴等地。[1]陈壁辉在20世纪70年代调查，了解到19世纪末和20世纪初，在皖南的青弋江和水阳江流域及二水在清水镇汇流地区，扬子鳄数量很多。由于20世纪30年代至50年代对

---

[1]　朱承琯：《扬子鳄》，《生物学通报》，1954年第9期，第9—11页。

河滩地的开垦，这里扬子鳄的生存空间大为缩小，数量大减，分布范围迅速缩小。50年代浙江省湖州长兴县农民在野外捕获11条扬子鳄，[①]并进行保护。20世纪末，在安徽省宣城建立国家级扬子鳄自然保护区。

历史时期扬子鳄分布范围的变化大致表现为如下趋势：战国时期以前，扬子鳄在黄河流域广泛分布，其西面可能到关中地区，北面可到晋南，南面可到浙江北部；北宋时期，扬子鳄分布最北面可能到开封地区。在长江流域，古代扬子鳄分布西面到四川盆地和汉中地区。明代扬子鳄在长江中下游地区还有广泛分布。19世纪中期，扬子鳄在江汉平原，湖北省东部，江西北部的鄱阳湖平原，安徽皖南和皖北地区，江苏省扬州地区、泰州地区、太湖地区和浙北地区有分布。19世纪末和20世纪初，扬子鳄分布范围迅速缩小，仅分布于皖南和太湖地区。扬子鳄是栖息于亚热带地区的动物，扬子鳄从黄河流域的消失，可能主要是由气候变化导致的。黄河流域气候变冷，不利于扬子鳄的生存。另外，扬子鳄栖息在有水的地方，主要是在水中捕食各种水生动物或两栖动物，在有水的岸

---

① 徐惠林：《扬子鳄和它的"保护神"》，《大自然》，2000年第3期，第17—18页。

边打洞休息和产卵。古代黄河下游地区多湖泊和沼泽，加上气候温暖，很适合扬子鳄的生存。随着气候变冷和人类对黄河下游地区的开发程度加深，众多湖泊已消失，导致扬子鳄在黄河下游地区减少至完全消失。但古代对扬子鳄的捕杀、取其皮制作鼍鼓，也是导致扬子鳄在黄河流域消失的重要原因。

2. 马来鳄地理分布的变化

马来鳄（*Tomistoma schlegelii*）是生活于南方热带和亚热带地区，栖息于江河或沼泽地中的淡水鳄，偶尔也到河口的海边活动。我国古代，马来鳄主要分布在两广沿海地区，在两广内地淡水水体中也有分布。

最早记载马来鳄的是晋代张华的《博物志》卷九："南海有鳄鱼，形如鼍。"①

《水经注》卷三十七记载："建安中，吴遣步骘为交州。骘到南海，见土地形势，观尉佗旧治处，负山带海……海怪鱼鳖，竃鼉鲜鳄，珍怪异物，千种万类，不可胜记。"②文中的"步骘"为人名。步骘为

---

① ［晋］张华：《博物志》卷九，《丛书集成》本，上海：商务印书馆，民国二十五年（1936）版，第57页。
② ［北魏］郦道元著，陈桥驿校证：《水经注校证》，北京：中华书局，2007年版，第873页。

淮阴人，他的家乡有鼍分布，故他将南方的鳄鱼称为鼍。"尉佗旧治处"为广州，据此推测他所到的地区为珠江三角洲地区。此段文字可能有脱漏，说的是步骘到交州为官，见到交州地区有鼋鼍鲜鳄。

唐代广东潮州鳄鱼很多。韩愈被贬到潮州任刺史，到任以后向皇帝致信称潮州鳄鱼为患："臣所领州在广府极东界……飓风、鳄鱼，患祸不测。"①文中"广府"即广州。因潮州鳄鱼为患，韩愈还写《祭鳄文》。②唐代刘恂《岭表录异》也记载潮州鳄鱼很多。③

北宋沈括《梦溪笔谈》也记载潮州多鳄鱼。④北宋江少虞《事实类苑》亦记载潮州多鳄鱼。⑤

广西内陆河湖也曾有鳄鱼分布。唐李吉甫《元和郡县图志》卷三十八《岭南道五》记载横州乐山

---

① ［唐］韩愈：《潮州刺史谢上表》，《全唐文》卷五百四十八，上海：上海古籍出版社，1990年影印版，第2459、2460页。
② ［唐］韩愈：《祭鳄文》，《全唐文》卷五百六十八，上海：上海古籍出版社，1990年影印版，第2545页。
③ ［唐］刘恂撰：《岭表录异》卷上，文渊阁《四库全书》史部第347册，台北：台湾商务印书馆，1987年影印版，第84页。
④ ［宋］沈括：《梦溪笔谈》，《丛书集成》本，上海：商务印书馆，民国二十五年（1936）版，第144页。
⑤ ［宋］江少虞：《事实类苑》卷六十二《风俗杂志·鳄鱼》，文渊阁《四库全书》子部第180册，台北：台湾商务印书馆，第526页。

县有鳄江水，"鳄江水，经县西，去县一百步"①。"鳄江水"一名可能与鳄鱼有关。唐代横州乐山县位于今南宁市东面横县。北宋乐史《太平寰宇记》卷一百六十四《梧州·戎城县》记载州北一里有鳄鱼池，还记载州北二十里思良江中有鳄鱼："思良江，在州北二十里，一名多盐水，其中鳄鱼状如鼍，有四足，长者二丈，皮如鲠鱼鳞，南方谓之鳄鱼。"卷一百六十五《郁林州·南流县》记载有鳄鱼。此记载表明，唐宋时期，鳄鱼不仅分布在滨海地带，还分布于远离滨海地带的内陆河湖之中。

清代道光《廉州府志》"物产"中有鼍，②这里的鼍应为马来鳄。光绪《广州府志》卷十四《舆地略六·山川》"增城县"下："鳄潭埔"记载新会县"县东南六十里，曰鳄洲山，其下有鳄鱼海"。这些地名可能都反映了清代早期珠江三角洲地区曾有过鳄鱼，但到清代末年已无鳄鱼了。

20世纪末在广东顺德出土了与明代文物相伴的鳄

① ［唐］李吉甫撰，贺次君点校：《元和郡县图志》，北京：中华书局，1985年版，第952页。

② 张堉春修，陈治昌纂：道光《廉州府志》，道光十三年（1833）刻本。

鱼骨骼，长7米，躯体巨大，被确定为马来鳄。[1]这一考古发现表明，清代方志等文献记载珠江三角洲地区有马来鳄分布，是可信的。

另外，赵肯堂认为，清代黄叔璥在《台湾使槎歌》（1763）和李准《巡海记》中，分别记载在澎湖列岛和在海南岛至西沙群岛之间的海域见到过咸水鳄，表明在我国台湾海峡和南海诸岛也曾有马来鳄分布。[2]

六、野马与野骆驼地理分布的变化

野马与野骆驼都是草原与荒漠地区的食草动物。历史时期这两种动物地理分布的变化有一个基本共同特点，即都逐渐退缩到自然环境极为严酷的新疆荒漠中，只不过野骆驼分布范围退缩到自然环境更为严酷的新疆东部以罗布泊为核心的地区。

---

[1]　赵肯堂：《解开〈祭鳄鱼文〉中的鳄谜》，《大自然》，1995年第4期，第4—5页。
[2]　赵肯堂：《解开〈祭鳄鱼文〉中的鳄谜》，《大自然》，1995年第4期，第4—5页。

1. 野马地理分布的变化

野马是主要生存于草原和荒漠草原的动物。中国的野马，为1884年俄国人普尔热瓦尔斯基在准噶尔盆地捕到并报道于世，这种野马后来被称为普氏野马，拉丁名为*Equus prezewalskii*。

在河北省阳原县丁家堡水库的全新统地层中发现野马的骸骨。[①]在约6000年前的西安半坡遗址中，发现马的右下第二前臼齿和门齿各一枚，据检测认为和中国北方的野马牙齿相近。[②]古代黄土高原是以草地植被为主的疏林灌丛草地，适合野马等大型草食类动物生存，故此，野马在历史早期分布的最南界可能到关中盆地。

我国古代文献很早就对野马有记载。有的学者认为，野马和野驴不容易区分，尤其野马和野驴都很容易受惊吓，而且奔跑极快，人们很难能近距离仔细观察野马和野驴，因此，历史文献记载的野马有的可能是野驴。在许多记载野马的历史文献中，大多并列记

① 贾兰坡、卫奇：《桑干河阳原丁家堡水库全新统中的动物化石》，《古脊椎动物与古人类》，1980年第4期，第327—333页。
② 中国科学院考古研究所、陕西省西安半坡博物馆：《西安半坡》，北京：文物出版社，1963年版，第259页。

载有野马和野驴，特别是北方和西北的草原地区，牧民对马和驴的区分是很清楚的。即使在远处奔跑的野马或野驴，牧民一眼看去，便能判断是野马还是野驴。

《山海经》的《北山经·北山首经》记载"罴差之山""北鲜之山"和"隄山""多马"，其所指的当为野马。这些山地位于北方今内蒙古地区。

中国古代的另一部地理著作《穆天子传》记载"春山"有野马，记载"郮韩之人"献"野马三百"，以及"智氏之所处……劳用野马野牛四十……"①其中"春山"是今新疆地区的山地，"郮韩之人"和"智氏"是西北地区的民族。

上述记载表明，在春秋战国时期以前的历史早期，在北方和西北地区广阔的草原和荒漠地带，野马都有广泛分布，其分布南界应大致和草原带南界一致。

汉武帝时期，在敦煌西南的渥洼池猎获过野马，见于《汉书·武帝纪》"元鼎四年"。渥洼池，可能为今敦煌西南面的南湖。

《后汉书·鲜卑传》记载鲜卑山和饶乐水有野

① 顾实：《穆天子传讲疏》，北京：中国书店，1990年版，第87—125页。

马。鲜卑山即大兴安岭，饶乐水即西辽河。此记载表明，从西辽河流域向北到大兴安岭地区，包括呼伦贝尔草原，都有野马分布。

《三国志·魏书·乌丸鲜卑东夷传》"鲜卑"注引《魏书》记载，从东面的西辽河到西面的西域，其动物有野马等。

《尔雅》中所载的"野马"，晋代郭璞《尔雅注疏》为"如马而小，出塞外"[①]。

北魏时，帝王多次到阴山北侧猎捕野马。《魏书·太宗纪》泰常四年（419）："冬十有二月癸亥，西巡，至云中，踰白道，北猎野马于辱孤山。"白道即位于今呼和浩特市西北通过阴山的通道。辱孤山位于阴山北侧今达尔罕茂明安联合旗。北魏另一次更大规模在阴山北侧的捕猎野马行动见于《魏书·世祖纪》："太延二年冬，幸椆阳，驱马于云中，置野马苑。"椆阳即今内蒙古包头地区固阳县。北魏所置野马苑当位于包头地区的河套平原。此次驱赶野马数量可能不少，故设立野马苑。这些记载表明，大青山北面的蒙古高原和大青山南面的河套地区都有野马分

---

① ［晋］郭璞注，［宋］邢昺疏：《尔雅注疏》，《十三经注疏》，北京：中华书局，1980年影印版，第2652页。

布，大青山以北的草原地区野马可能更多。

唐代时期，北方和西北许多地区将野马皮作为贡赋的主要物品。《元和郡县图志·关内道》记载灵州、丰州、兰州、凉州、甘州、肃州、沙州的贡赋有野马皮。《新唐书·地理志》还记载会州、单于大都护府、安北大都护府、瓜州土贡"野马革"或"野马胯革"。其中，灵州管辖地区大致为宁夏平原及其周围地区，丰州管辖地区大致为河套平原和阴山北侧地区，兰州管辖地区大致包括今兰州市及周围的榆中县、永登县、皋兰县等，凉州大致相当于今武威地区，甘州包括今张掖地区和弱水下游的内蒙古额济纳旗，肃州、瓜州和沙州大致相当于今河西走廊西部的酒泉、玉门、安西（瓜州）和敦煌诸地区，会州大致相当于今兰州市东北的靖远县，单于大都护府主要统辖今内蒙古中部和东部地区，安北大都护府统辖地区包括今内蒙古西部和新疆阿尔泰山南侧地区。

敦煌文书《沙州都督府图经》记载敦煌地区有野马。①

北宋乐史《太平寰宇记》记载凉州、甘州、肃

① 王仲荦著，郑宜考整理：《敦煌石室地志残卷考释》，上海：上海古籍出版社，1993年版，第110页。

州、瓜州土产有野马皮。

元代滦河上游地区有野马，这在元代陪伴帝王去上都避暑或冬狩的文人诗文中多有记载。如元耶律楚材《扈从冬狩》诗中描写围猎的场面："千群野马杂山羊，赤熊白鹿奔青獐。"再如元郝经《沙陀行》诗中描写独石口以北长城外"黄羊野马不足数"①。这些诗句表明，元代野马在张家口以北的塞外地区出现较频繁。

明代野马在北方和西北地区广泛分布。明李时珍《本草纲目》记载野马"今西夏、甘肃及辽东山中亦有之"②。

《明实录》记载永乐十九年（1421）九月，守备在滦河上游开平卫的官员成安侯郭亮奏报，"瞭见野马、黄羊"③。开平卫，即元上都，明于此置开平卫，位于今滦河上游北侧正蓝旗境。此报告说的是根据所看到的野马、黄羊等动物，知道瓦剌的首领阿鲁台来犯。

《大明一统志》记载《宁夏中卫》《靖虏卫》和

①　转引《口北三厅志》，［清］金志节原本，黄可润增修:《中国方志丛书》，乾隆二十三年（1758）刊本，台北：成文出版社，1968年影印版，第244页。
②　［明］李时珍：《本草纲目》，文渊阁《四库全书》子部第80册，台北：台湾商务印书馆，1987年影印版，第476页。
③　转引《口北三厅志》，［清］金志节原本，黄可润增修：《中国方志丛书》，乾隆二十三年（1758）刊本，台北：成文出版社，1968年影印版，第164页。

《陕西行都司》"土产"有野马。宁夏中卫即今宁夏中卫县，靖虏卫相当于今甘肃省靖远县。《陕西行都司》则记载西宁卫有野马分布。明代西宁卫包括今天青海省东半部的广大地区。

明代《宁夏新志》"物产"亦有野马。[①]

撰成于明正统八年（1443）的《辽东志》卷一《地理》"物产"有野马。

《古今图书集成》卷一百六十八《盛京总部物产下》："土产……野马，形如马而小，边外有之。"其中的盛京，即沈阳。"边外"是指柳条边外，应为西辽河流域和吉林省西部的草原地区。该书还记载庆阳府物产有野马。庆阳府虽然地处长城之内，但其辖境有很大部分属于草原地带，其北面与鄂尔多斯高原毗邻，西面与《大明一统志》中记载有野马分布的甘肃"靖虏卫"及宁夏中卫等地毗邻，有野马出现是有可能的。庆阳府有野马，说明在它北面的鄂尔多斯高原和西面的宁夏东部和南部地区也有野马分布。

康熙《辽阳州志》《锦州府志》《锦县志》《广宁县志》《宁远州志》在"物产"条下都记载有野

---

① 《宁夏新志》（明抄本），《中国方志丛书》，台北：成文出版社，1968年影印版，第113页。

马。清代广宁县相当于今辽宁北镇县，宁远州相当于今兴城市。这些地区与内蒙古东南部的西辽河流域毗邻，表明西辽河流域在清代早期也有野马分布。

撰写于乾隆时期的《口北三厅志》"物产"记载有"野马、野骡"。所谓"口北"，是指张家口地区长城以北以及内蒙古东南部地区。

写成于乾隆四十九年（1784）的《钦定热河志》在卷九十五"物产"四"野马"条下考证认为，热河地区（今承德地区）出产野马，但未明确当时是否有野马分布。①

《嘉庆重修一统志》在《蒙古统部》中记载"土产"有"猞猁狲、野马、野驼、野骡、黄羊（《明统志》）"。"蒙古统部"包括今天内蒙古全部，以及位于吉林省西部和黑龙江省西南部的杜尔伯特旗、郭尔罗斯前旗和后旗，还有位于青海省北部的青海厄鲁特等部。

上述记载表明，到清代中期，整个内蒙古地区，以及吉林、黑龙江二省西部都有野马。

清代早期和中期，我国西部的青藏高原、河西走

---

① 《钦定热河志》卷九十五《物产四》，文渊阁《四库全书》史部第254册，台北：台湾商务印书馆，1987年影印版，第501页。

廊、宁夏地区和新疆有野马分布。

康熙《西藏志》记载拉萨与羊八井地区有野马分布。

乾隆十一年（1746）编纂的《西宁府新志》"物产"有野马。清代康敷镕纂《青海志》"物产"记载："野牛皮、野马皮，蒙番玉树各地皆有出，数亦多……"该志中出现最晚年号为嘉庆十一年（1806）。

《乾隆府厅州县志》卷二十五和卷二十六记载凉州府、甘州府、西宁府、安西府"土贡"有野马或野马皮。乾隆元年（1736）《甘肃通志》"物产"记载凉州府、西宁府、肃州有野马。

乾隆《玉门县志》"物产"有野马。书中最晚年号为乾隆二十四年（1759）。

《嘉庆重修一统志》记载宁夏府、甘州府、凉州府、西宁府、肃州诸府"土产"或有野马或野马皮。

嘉庆《宁夏府志》和嘉庆《灵州志》"物产"有野马。

道光《敦煌县志》《山丹县志》《靖远县志》"物产"有野马。这些记载表明，19世纪中期，不仅西北的甘肃河西走廊和内蒙古阿拉善盟有野马，甚至位于黄河以东黄土高原的靖远县也有野马。

　　民国初年，青海玉树地区还有野马，见于民国初年周希武在该地区的调查报告。该报告记载玉树地区的"物产"有野马、野牛，还记载其特别输出"土产"有虎、豹、熊猞猁、马鹿、野牛、野马等动物之皮。①

　　有关新疆地区的野马，人们曾以为俄国人普尔热瓦尔斯基于1884年在准噶尔盆地猎捕到的野马是新疆有野马的最后记载。实际上，关于新疆地区的野马，在普氏之前和之后还有较多记载。道光《哈密志》"物产"有野马。成书于光绪十八年（1892）的肖雄《听园西疆杂述诗》记载："哈密大戈壁中，马莲井子多野马，常百十为群，觅水草于滩。"俞浩《西域考古录·镇西府·辟展县》记载吐鲁番盆地东南面的荒漠有野马："高昌……今名哈喇和卓，即元明之火州……其东有达木沁池，一小回村也，水极清澈。其南即荒漠，野马百十成群。"成书于宣统三年（1911）的《新疆图志》在《山脉二·天山二》记载"额布图岭"多野马。额布图岭为东天山的一段。光

―――――――――――――――

① 　［民国］周希武著，吴均校释［据上海商务印书馆民国七年（1918）版］：《玉树调查记》，西宁：青海人民出版社，1986年版，第95—96页。

绪三十三年（1907）《蒙古志》"物产"记载有"野马、野驴"，还记载"野马所在成群，伊克阿拉克泊南为最多，以其山中饶牧草也。体较驯马略大，毛色多土黄，土人豢养小驹，终身不受束缚，骑之亦不能随人意"。伊克阿拉克泊位于今蒙古人民共和国西南部的科布多地区，隔阿尔泰山与新疆准噶尔盆地毗邻。伊克阿拉克泊南的山中，是指阿尔泰山东南部地区，山的南侧为我国青河县。据此记载，阿尔泰山东南部在当时是蒙古高原和新疆野马最多的地方。

民国三年（1914）编撰的《新疆地理志》"物产"有野马。

民国初年的财政次长谢彬于1916年经河西走廊赴新疆考察，记载敦煌地区阳关南道野马泉多野马："阳关南道……野马泉，皆沙泥平地，多野马。"[①]野马泉大致位于今甘肃阿克赛哈萨克族自治县境内。

民国八年（1919）《大通县志》"物产"有野马。大通县位于青海省东部。民国十年（1921）《高台县志》"物产"有"野马、野骡、野驴"。高台县位于河西走廊，南部为祁连山脉；北部为合黎山，又称

北山。野马等动物可能分布于这两处山地。

民国《玉树调查记》记载野畜有野马，又在"特别输出产"项记载输出的野牲皮有野马皮。民国《松潘县志》"物产"有野马。

民国初年（1912）《西藏志》记载"野马，石渠产"。石渠县位于四川甘孜藏族自治州最西北部，与青海省玉树地区毗邻。

在内蒙古自治区，19世纪末在居延海附近还有关于野马的报道。[①]

民国《朔方道志》"物产"称"野马，今亦不多见"。朔方道管辖今宁夏回族自治区大部分，以及内蒙古阿拉善盟地区。民国《民勤县志》"物产"记载"野马，产之很少，其肉可食"，该志中最晚年号为民国十五年（1926）。

综上记载，直到19世纪末20世纪初期，整个内蒙古地区、河西走廊、新疆准噶尔盆地、青海省东南部和川西北诸多地区都有野马分布。

以往认为，在20世纪中期野马就在我国消失了，也从地球上消失了。但据报道，20世纪70年代在准噶

---

① 李铁生主编：《内蒙古珍稀濒危动物图谱》，北京：中国农业科技出版社，1991年版，第170页。

尔盆地东部有野马被观察到，在新疆的准噶尔盆地还发现有野马的踪迹。[①]1980年由相关科学家组成的科考队进行了广泛深入的调查，未发现野马踪迹，表明野马已是极为罕见或已灭绝。

1986年我国从国外动物园引进一批普氏野马，并在新疆准噶尔盆地东部吉木萨尔县建立野马繁殖研究中心，并建立喀拉麦里野马自然保护区，2001年将首批27匹野马放归大自然。[②③]

历史时期野马分布范围的缩小和消失，一方面是由于人类的捕杀，另一方面是由于草原和荒漠地区人口的增加，导致野马生存范围逐渐缩小。

2. 野骆驼地理分布的变化

历史上中国境内的野骆驼为双峰驼（*Camelus bactrianus*），其具有耐干旱的本领，能适应极端干旱的自然条件。历史上在我国西北和北方的草原和荒漠草原地区曾有广泛分布。

---

① 谢联辉：《中国原野上有野马吗》，《野生动物》，1985年第1期，第3—6页。
② 谢海云：《野马安危牵动世人心——中国27匹普氏野马放归大自然》，《野生动物》，2001年第6期，第42—43页。
③ 李湘涛：《野马放归大自然》，《大自然》，2001年第1期，第30—31页。

历史时期中国生态环境演变史纲

《山海经》的《五藏山经·北山首经》"虢山"和《北次三经》的"饶山"都记载"其兽多橐驼"。此"橐驼"应是野骆驼。"虢山"可能位于今内蒙古南部和山西省毗邻的山地，"饶山"大致位于今内蒙古中部的阴山山地。此记载表明，至少在战国时期以前，河套地区和阴山山地以及其北面的内蒙古草原有野骆驼分布。

内蒙古自治区东部，直到元代还记载有野骆驼。如元代柳贯的《滦水秋风词》[①]提到元上都附近有野骆驼。元上都位于滦河上游闪电河北侧。元代白珽《续演雅十诗》[②]则将野骆驼称为北方的八种珍品之一。这些记载表明，元代时期，今内蒙古东部地区有野骆驼分布。

明代李时珍《本草纲目》引《马志》："马志曰，野驼、家驼生塞北河西。"[③]《马志》可能是明代或明代以前的方志。

乾隆《玉门县志》"物产"有野骆驼。

---

① ［元］柳贯：《待制集》卷六《滦水秋风词四首》其四，文渊阁《四库全书》集部第149册，台北：台湾商务印书馆，1987年影印版，第277、278页。

② ［元］白珽：《湛渊集·续演雅十诗》，文渊阁《四库全书》集部第137册，台北：台湾商务印书馆，1987年影印版，第98页。

③ ［明］李时珍：《本草纲目》，文渊阁《四库全书》子部第80册，台北：台湾商务印书馆，1987年影印版，第452页。

《嘉庆重修一统志》在《蒙古统部》中记载"土产"有"猞猁狲、野马、野驼、野骡、黄羊（明统志）"。其中的"野驼"应为野骆驼。"蒙古统部"包括今天内蒙古全部，以及位于吉林省西部和黑龙江省西南部的杜尔伯特旗，郭尔罗斯前旗、后旗，还有位于青海省西北部的青海厄鲁特等部。在明代和清代有关内蒙古东部地区的文献中，都未提到有野骆驼，则清代内蒙古地区野骆驼可能只分布在西部的阿拉善盟和巴彦淖尔市等荒漠和荒漠草原地区。

19世纪，清朝的一些官员对新疆的记述中，亦有关于野骆驼的记载。如椿园《回疆风土记》记载天山南麓野骆驼很多。陶保廉《辛卯侍行记》①记载吐鲁番盆地东南面的库鲁克塔格山地多野骆驼。特别是19世纪末20世纪初，有不少西方旅行家和地理学家对新疆地区野骆驼有大量记载和报道。1886年俄国人普尔热瓦尔斯基②沿和田河穿越塔克拉玛干沙漠，记载沿途经常见到一群5—7只的野骆驼。1889年俄国人佩夫佐夫记载在

① ［清］陶保廉著，刘满点校：《辛卯侍行记·吐鲁番歧路》，兰州：甘肃人民出版社，2002年版，第408页。
② ［俄国］普尔热瓦尔斯基 H.M.：《从恰可图到黄河源——在中亚的第四次旅行记》，圣彼得堡，1888年版，第460—480页。

历史时期中国生态环境演变史纲

叶尔羌河和且末河两侧见到很多野骆驼。^①对新疆野骆驼记载较详细的是瑞典人斯文·赫定（Sven Hedin）。他记载克里雅河下游和尼雅河下游的塔克拉玛干沙漠腹地、塔里木河中游和下游地区，罗布泊北面的库鲁克塔格山地、罗布泊周围以及敦煌以西的戈壁荒漠与沙漠地区，也有很多野骆驼分布。他还记载野骆驼随着季节变化而迁徙的情况：冬季野骆驼在塔克拉玛干沙漠腹地过冬，夏季则穿越且末河和昆仑山与阿尔金山，到达凉爽的青藏高原。^{②③}

内蒙古阿拉善地区、甘肃河西走廊和青海柴达木盆地，有面积广大的戈壁荒漠和新疆塔里木盆地以及新疆东部的戈壁荒漠连为一体，共同构成中国西北的荒漠地区。这一广大地区直到19世纪末和20世纪前期还有野骆驼分布。

据报道，到20世纪80年代，在新疆东部的吐鲁番、哈密、鄯善以南，罗布泊以东，东起星星峡，西至库米什（位于吐鲁番盆地和博斯腾湖盆地之间），

---

① ［俄国］佩夫佐夫 M.B.：《在喀什噶尔和昆仑的旅行》，莫斯科，1949年版，第73—81页。

② ［瑞典］斯文·赫定：1899—1902在中亚考察的科学成果，斯德哥尔摩：1905年版，第328—402页。

③ ［瑞典］斯文·赫定著，潘岳、雷格译：《我的探险生涯》，海口：南海出版公司，2002年版，第200—206页。

东西长约250千米，南北宽约100千米范围内，有野骆驼约1000头。此地区是中国野骆驼的主要分布区。此外，处在该主要分布区外围地区的塔里木盆地腹地的塔克拉玛干沙漠和敦煌西北部的喀顺戈壁，以及在河西走廊西段北侧的马鬃山和阿尔泰山地，也有野骆驼分布。[①]20世纪末，我国建立了罗布泊和阿尔金山野骆驼自然保护区。1996年，国家环保局与联合国环境规划署共同组织野骆驼科考队，经过4年的科学考察确定，野生双峰驼现主要残存于我国新疆罗布泊及周边地区的阿尔金山和塔克拉玛干沙漠地区；另外，在新疆与蒙古人民共和国接壤的中蒙边界一带亦有分布。[②]

历史时期野骆驼分布范围的缩小和数量的减少，主要是人类捕杀，以及人类在荒漠地区活动强度的增强，导致野骆驼生存空间大为缩小的结果。

七、虎地理分布的变化

虎对中华民族历史文化包括成语、艺术和民俗等

---

① 赵子允：《新疆的野骆驼》，《野生动物》，1985年第3期，第8—9页。
② 王裕台：《勇闯罗布泊，寻找野骆驼》，《大自然》，2001年第2期，第4—6页。

诸多方面，都有着深刻影响。虎处在生物链金字塔结构的最高位置，其地理分布的变化也反映生态环境的变化。

历史上，除台湾岛没有虎的记录外，我国大陆上，南到两广沿海，北到黑龙江和内蒙古，西到新疆，东到上海、江苏、浙江海滨，甚至舟山群岛，均有虎广泛分布。在海南岛的历史早期遗址中，也发现虎的残骨，只是到了汉代，才明确记载海南岛无虎。东海的舟山群岛，唐代《元和郡县图志》记载有虎。

直到19世纪末20世纪初，新疆塔里木盆地的塔里木河的几条支流和塔里木河中下游两岸胡杨林中，都有虎分布。新疆北疆直到20世纪30年代还有虎分布。甚至北京周围的昌平、延庆、密云、平谷诸县，在20世纪初还有虎出没。

历史上，虎在中华大地分布之广，有大量文献记载，兹举几个典型事例。

古代北方多虎。如唐代北平县的武将裴旻"善射，一日得虎三十一"①。唐代北平县位于今保定西面的太行山中。据《金史·本纪》记载，金代帝王多次

---

① ［清］吴宝芝：《花木鸟兽集类》卷下，文渊阁《四库全书》子部第340册，台北：台湾商务印书馆，1987年影印版，第78页。

在北京香山猎捕到虎。

北方大同地区古代多虎。据《魏书》记载，北魏时帝王多次在大同周围山地猎虎，有时能猎到多只虎。

西辽河流域古代多虎。据《辽史》记载，辽代帝王秋季经常到西辽河支流查干木伦河源头的大兴安岭西南端黑山打猎，经常猎获到虎，有时一次能猎获到数十只虎。元代初期，松州知州仆散秃哥"前后射虎万计，赐号万虎将军"[①]。松州位于今内蒙古赤峰地区。

古代南方也多虎。如汉代桓宽《盐铁论·崇礼》描写："犀、象、兕、虎，南夷之所多也。"其中"南夷"为长江以南的广大地区。

秦岭以南的汉中地区以及云贵川地区，自古就多虎，历史上也曾经是多虎之地。如，《华阳国志》记载："秦昭王时，白虎为害，自秦、蜀、巴、汉患之。秦王乃重募国中有能杀虎者……"[②]晋代左思《三都赋·蜀都赋》描写蜀地的森林中"虎豹长啸"[③]。唐代《蛮书》卷十记载川东地区的巴人以虎为图腾：

---

① ［明］宋濂等：《元史·世祖纪》"至元十八年秋七月"，北京：中华书局，1983年版，第232页。
② ［晋］常璩撰，刘琳校注：《华阳国志校注》，成都：巴蜀书社，1984年版，第34—35页。
③ ［晋］左思：《三都赋》，载于《文选》卷四，文渊阁《四库全书》集部第268册，台北：台湾商务印书馆，1987年影印版，第75页。

"巴氏祭其祖，击鼓而祭，白虎之后也。"①

　　唐宋时期，虎频繁出现在大城市附近甚至进入城中。如，《新唐书·五行志二》记载唐代虎两度进入长安城。《宋史·五行志》记载宋代虎进入杭州城和扬州城，又有虎入海州城以及虎入苏州福山砦，表明宋代杭州城和扬州城周围的长江下游地区和苏北滨海地区虎很多。宋周去非《岭外代答》卷九记载两广虎很多，特别是钦州地区，乡间的虎日夜群行，习以为常，虎还经常进入城中闹市。②

　　清代前期，在我国大陆上的所有省和自治区都有虎分布。甚至在人口稠密的东部地区，也有关于虎出没的记载。如，康熙时期，虎甚至还分别出现在上海的吴淞口和金山卫。再如，浙江的杭州府、宁波府管辖的许多县，以及钱塘县，江苏的常州府，在康熙时期都有虎，清代嘉庆时期扬州地区有虎。浙江滨海的象山县，康熙、乾隆时期多次发生虎灾。清初期《泰安州志》记载山东省多虎，甚至济南地区在道光时期也有虎。北方的河北省，其北部的燕山山地在清代前

① ［唐］樊绰著，向达校注：《蛮书校注》，北京：中华书局，1962年版，第260页。

② ［宋］周去非：《岭外代答》卷九《禽兽门》，文渊阁《四库全书》史部第347册，台北：台湾商务印书馆，1987年影印版，第464页。

期虎很多。如，康熙时期法国神甫张诚在其日记中记载从古北口出长城后，沿途虎很多。[①]康熙时期大学士高士奇扈从康熙皇帝从河北遵化到承德，在其日记中记载沿途康熙亲自射杀多只虎。[②]乾隆《钦定热河志》卷一记载，乾隆在位时期几乎每年都要到围场秋猎，每次围猎都能猎到虎，有时一次能猎捕到两只以上。[③]乾隆《宣化府志》和《蔚县志》记载有虎。

清代中期，即乾隆时期以后，由于人口增长，许多山林被开垦，到清代后期，山东省已不见虎的记载。还有许多省虎的分布范围大为缩小。如，陕西省光绪《镇安县乡土志》："虎，昔年地广人稀，山深林密，时有虎患。乾嘉以后，客民日多，随地垦种，虎难藏身，不过偶一见之矣。"镇安县位于陕南商洛地区。湖北省《道光安陆县志》："安陆故多虎，或跃入郭里，民设阱以逐之，虎避去入山，民即山复为阱，虎遂穷云遁，今亡虎矣。"《同治竹溪县志》："虎、豹……在昔荒山丛杂兽类颇多，今山木伐尽，

① ［法］张诚著，陈霞飞译，陈泽宪校：《张诚日记》，北京：商务印书馆，1973年版，第1—2页。
② ［清］高士奇：《松亭行记》卷下，文渊阁《四库全书》史部第218册，台北：台湾商务印书馆，1987年影印版，第1145、1146页。
③ 《钦定热河志》卷十五至二十五，文渊阁《四库全书》史部第253册，台北：台湾商务印书馆，1987年影印版，第227—380页。

亦不多见焉。"《同治郧阳志》记载："昔年林丛箐密……今则人逼禽兽，凡锦鸡、白鹇、虎、豹、狐狸、豺狼、皆失所藏。"湖南省《同治桑植县志》记载："虎豹，改土初颇多，今内半县间有之。"文中的"改土"指乾隆时期将湘西和西南地区的世袭土司制改为中央委派地方官制，史称"改土归流"。如，江西省《同治南城县志》记载以前山深谷暗，虎"所在多有"，"近今草辟荆披，山民蕃盛，不常见云"。再如，山西省晋东南同治时期的《阳城县志》记载："昔林木翁密，虎易藏匿，迩年斧斤濯濯，近城五十里鲜虎迹。析城王屋间有匿者。"

到19世纪末，虎的分布仍很广。特别是在福建、两广和西南的云贵川地区，直到20世纪前半期的民国时期，这些地区的虎仍有很多。江西省在清代末年的同治时期（1862—1874）编修的方志有32县方志记载有虎。湖北省同治《郧县志》、同治《襄阳县志》、同治《谷城县志》、光绪《黄梅县志》、光绪《利川县志》诸志记载有虎。其中，《同治宜昌府志》记载其所辖东湖、长阳、归州、兴山、巴东、长乐诸县都有虎。甚至到19世纪末，虎还在武昌县出现。湖南省同治时期编修的方志有20县记载有虎。河北省太行山山地到19世纪后期还有虎：同治《灵寿县志》、光绪《涞水县志》"物产"中有虎。而光绪《唐县志》则记载："有虎豹熊狐，偶一见于深山。"说明清末太行山山地中虽然有虎，但已很少。

内蒙古地区，光绪三十三年（1907）《蒙古志》和光绪《土默特志》都记载有虎，后者所记表明阴山山地中有虎。

从清代末年进入民国时期（1912—1949），虎的分布范围急剧缩小。如，人口稠密的江苏省，清代末年仅有光绪《宜兴荆溪县新志》记载有虎。进入民国时期，江苏省无虎的记载。浙江省虎的分布范围也有所缩小。如，浙江《民国新登县志》记载该县"向有虎患"。明代该县县令刘秉打死虎18只；清康熙年间该县因虎多，县令葛长祚作有驱虎之文；到民国时期，"如今开垦遍山，虎亦遁迹"。新登为今杭州市西南的一个镇。

安徽省民国期间只有少量方志记载有虎。《民国宿松县志》："虎，间有之。"《民国歙县志》："虎，旧志曾载，今少产。"《宁国县志》记载："虎、豹、熊不多见。"此外，还有太湖县和潜山县志记载有虎。这些县位于长江沿岸和皖南地区。

湖南省民国期间也只有如下少数几个县志记载有

虎：民国《永定县乡土志》记载："虎、豹，特产，本境南北山时有之，颇为人畜害。"《民国蓝山县图志》记载："虎，深山间有。"《民国醴陵县志》记载："虎，居深山中，噬人畜，然数年不见。"此外，还有《民国永顺县志》记载有虎。显然，这些有虎的县，虎的数量已很少。

再如，湖北省民国时期只有位于多山的鄂西和鄂北的少数几个县记载有虎。《民国南漳县志》："虎，不常见。"《民国枣阳县志》："虎，今不常见。"谷城县和宜昌县志也记载有虎。

河南省在清代末年的同治和光绪时期，在南部、豫西和南太行地区，有虎记载的县还有很多，民国时期记载有虎的方志为数甚少。如，《洛宁县志》："虎，深山有之。"《陕县志》记载虎"不常见"。此外，还有确山县志记载有虎。而《光山县志约稿》则记载"今皆绝迹"。《巩县志》亦记载："旧志有虎、豹各种，绝迹久矣。"

民国时期，虎分布范围仍很广。如浙江省，民国时期昌化县、台州府、临海县、衢县、丽水县、平阳县、建德县、嵊县诸县志都记载有虎。还有个别县虎患严重。如，《民国汤溪县志》记载："虎则颇以为患，近岁中，西二乡屡闻有人被害。"

江西省民国期间虽然只有少数县志记载有虎，但个别县虎患还很严重。如，《民国吉安县志》记载："虎，旧志载不常见，自民国二十年（1931）后，虎出没县境山野间，不一而足，猎人击毙之虎售诸市肆者无虑百数，重者三百余斤。"江西民国时期还有婺源县、德兴县、大庾县、宜春县诸县志也记载有虎。

值得指出的是，福建省在20世纪前半期虎的分布还很广。20世纪20年代至40年代期间，有20多个县的志书记载有虎，其地理分布从东部滨海地带到西部山区，从闽北到闽南都有分布。其中有的县志还记载虎患很严重。如，《民国明溪县志》记载："虎，产深山中，近来城郭每发生虎患，系人烟稀少故也。"《民国闽清县志》记载："虎、豹，十二都、十四都、四七都有之，但往来无常。"

广东省，虽然进入民国时期虎的分布范围明显减少，但仍有很多县有虎，有的县虎患还很严重。如，位于北部山区的乐昌县，民国县志记载："虎，常害人畜，邑境山地各乡有之。"《民国和平县志》记载："县属多深山峻岭，虎每出没于山深林密中。"位于沿海地带的县，有的虎患也很严重。如，《民国赤溪县志》记载："虎，常夜入村食家畜。县人每设陷阱或装毒箭械沙枪以毙之。"《民国恩平县志》记载："旧日邑多虎，今深山仍有之。"《民国阳江志》则记载："虎，名山常有之，能渡海游水。"甚至位于广州东面的增城县，虎患也很严重。如，《民国增城县志》记载："凶年多虎患。"民国时期广东省有虎的县还有始兴、仁化、阳山、阳春、四会、开平、广宁、怀集、大埔等县。

广西壮族自治区在进入民国时期，有的县虎已大为减少。如，《阳朔县志》："虎、豹未易多见，三五年偶一获之，亦有未能获而驱之出境者。"但还有很多县，虎还有很多。如，《桂平县志》："虎，桂平山多，故虎产不少。"《迁江县志》："虎、豹、山羊各乡深山多有，惟不易得。"《来宾县志》："虎豹多在北山与西山中……城西山中亦藏有虎。"此外，还有崇善县、三江县、凌云县、陆川县、灵川县、钟山县、同正县、思恩县、贺县志、昭平县、贵县、罗洛县、罗城县、邕宁县、榴江县、宜北县、田西县、平南县、雷平县等诸多县志都记载有虎。这些县，分布于广西的东、西、南、北、中各个方域，其中邕宁县紧邻南宁市。

京畿所在的河北省，在20世纪前半期，也还有虎的记载。如民国七年（1918）《隆化县志》记载有虎。隆化县位于承德地区。民国《察哈尔省通志》记载："虎，常栖息省境大南山及东南大山中，捕食鸟兽，或入村中掠牛马及其他家畜。"其中所记有虎处大南山和东南大山，位于今张家口地区的燕山山地。

山西省进入民国前期，多个县记载虎已消失。如，《岳阳县志》："初，岳多虎患，其时山深林密，猛兽易于潜踪，今则砍伐殆尽，而虎亦无复存矣。"岳阳县位于洪洞县东。《翼城县志》记载虎："藏深山，人不多见。"《安泽县志》："初，安多虎患，其时山深林密，猛兽易于潜踪，今则砍伐殆尽，而虎亦无复存矣。"但民国时期昔阳县、和顺县、乡宁县、介休县、临汾县、陵川县、浮山县、翼城县等县志还记载有虎。这些记载有虎的县志，年代从1914年到1935年，其地域主要分布于晋西南，以及晋东和晋东南。20世纪50年代初，虎还在山西省出现过。

进入民国时期，陕西省陕北、陕南、秦岭山地等还有虎。有如下诸县的县志记载，其年代从1920年至1948年：白河县（1920）、周至县（1925）、澄城县（1926）、榆林县（1929）、岐山县（1931）、华阴县（1932）、户县（1933）、西乡县（1948）都记载有虎。又据谭邦杰调查，位于秦岭南翼的佛坪县，在20世纪初及1944年、1964年发生多次虎害。[①]

进入民国时期，甘肃省有的地方虎还很多。如，《永登县志》："虎，近来西山多有，常伤人畜。"此外，民国华亭县、高台县（1921）、礼县（1933）、天水县（1934）、文县（1947）、敦煌县（1946）诸县志也记载有虎。这表明，民国时期秦岭山地、六盘山以及河西走廊南面的祁连山地还有虎。

宁夏在进入民国时期，仍有虎分布。如，1935年《宁夏省考察记》仍记载宁夏有虎。1933年《华亭县志》记载有虎。

青海省东部和北部直到民国时期还多处有虎。如，1919年《大通县志》记载有虎。1942年《青海省人文地理志》记载祁连山中有虎，这和1946年《敦煌县志》记载相印证。《玉树调查记》记载："各族皆产虎豹熊狼鹿……"[②]这些动物的皮还被作为玉树特别输出产品。[③]到20世纪50年代，青海省东南部果洛地区

---

① 谭邦杰：《中国的虎》，《自然杂志》，1980年第11期，第811—814页。

② ［民国］周希武著，吴均校释［据上海商务印书馆民国七年（1918）版］：《玉树调查记》，西宁：青海人民出版社，1986年版，第96页。

③ 《玉树县志稿》民国间手抄本，《中国方志丛书》，台北：成文出版社，1968年影印版，第157页。

的班玛县还发现有虎。①

虎曾在新疆天山南北广泛分布，见于乾隆《钦定皇舆西域图志》，以及萧雄于光绪年间撰写的《听园西疆杂述诗》②。俄国人库罗帕特金于19世纪70年代到塔里木盆地考察，他在《喀什噶尔》一书中记载沿喀什噶尔河两侧虎很多。③1890年，俄国人佩夫佐夫在塔里木盆地旅行，他在《在喀什噶尔和昆仑的旅行记》一书中，记载了叶尔羌河在麦盖提以下河道右岸，有宽达数千米的胡杨林带，栖息有虎等多种动物；他还记载塔里木河终端湖沿岸的芦苇丛中有虎。④编写于民国初年（1912）的《新疆小正》记载"北疆多彪虎封豕麋鹿之属"⑤。编写于民国初期的《新疆乡土志》记载，天山山地中以及准噶尔盆地西部巴尔鲁克山地都有虎。袁国映于20世纪晚期，在塔里木盆地进行野生动物调查了解到，"在20世纪30年代还有人捕获过

① 张荣祖等：《青海甘肃兽类调查报告》，北京：科学出版社，1964年版，第80页。

② ［清］萧雄：《听园西疆杂述诗》，《丛书集成》本，上海：商务印书馆，1935年版，第105页。

③ ［俄国］库罗帕特金 A.H.：《喀什噶尔》，北京：商务印书馆，1982年版，第258—271页。

④ ［俄国］佩夫佐夫 M.B.：《在喀什噶尔和昆仑的旅行记》，莫斯科，1949年版，第73—81页。

⑤ ［民国］王树枏纂：《新疆小正》，民国七年（1918）铅印本，《中国方志丛书》，台北：成文出版社，1968年影印版，第61页。

虎"，"该虎体型及习性接近孟加拉虎，但耐干旱环境。"①在20世纪80年代报道新疆有虎，这是新疆地区最晚有关虎的报道。②

位于西南地区的四川省（包括今重庆区域），进入民国时期，虎在川东、川南、川西和川北山区诸县的分布仍很广，甚至成都市和重庆市附近的许多县都有虎的分布。成都西面的川西山地，1923年《眉山县志》："近年东西两山亦时见虎豹。"更晚在大邑县、灌县、什邡县、乐山县的县志也记载有虎。甚至到20世纪40年代，汉源县、芦山县、汶川县、西昌县诸县志还记载有虎。位于重庆市西南的巴县和东北的长寿县，直到20世纪30年代末至40年代前期的县志中还记载有虎。但编写于20世纪40年代的川西甘孜地区诸县方志，包括甘孜、康定、泸定、丹巴、德格、雅江、道孚等县志已无虎的记载。表明20世纪40年代，四川虎的分布范围明显缩小。

贵州省多山地，民国时期麻江县志、余庆县志和《八寨县志稿》《三合县志略》还记载有虎。到20世

① 袁国映主编：《新疆脊椎动物简志》，乌鲁木齐：新疆人民出版社，1991年版，第441页。

② 刘霞：《驱车走马西天山》，《大自然》，2003年第3期，第41—42页。

纪80年代，位于贵州省东北部的梵净山，作为国家级自然保护区，其中栖息的动物就有华南虎。

据20世纪30年代以前的民国方志统计，云南省除了昆明市及邻近地区无虎的记载，位于滇北、滇南、滇东和滇西四个方域的诸县县志大都记载有虎。

西藏东部地区曾有虎的分布。如，康熙《西藏志》记载拉萨至羊八井之间有虎。[①]至民国时期，虎在西藏东南部仍有分布。如，民国初陈观浔编《西藏志》："虎，工布、波密均产。"[②]工布、波密位于藏东南地区，这里有高山、密林，直到20世纪中期还有虎。

东北地区历史上以多虎而著称。南部的辽东半岛从19世纪末不见有虎的记载。20世纪前期，北部黑龙江省西北部的大兴安岭和黑龙江及吉林二省东部的完达山、长白山等山地，仍有虎分布。

据谭邦杰统计，20世纪中期，在南方的湖南、贵州、江西、福建、广东、广西等省区发现虎最多，几乎在这几个省区的各个方域都曾发现过虎。在湖北、四川、河南、陕西和山西等省也有虎出现。在东北吉

---

① 《西藏志》，康熙刊本，《中国方志丛书》，台北：成文出版社，1968年影印版，第87—88页。
② ［民国］陈观浔编：《西藏志》，成都：巴蜀书社，1986年版，第227页。

林和黑龙江二省东部的长白山和完达山脉地区的许多县也有虎出现。甚至在有的大城市周边地区也发现过虎。如，20世纪50年代在北京市密云县有多次对虎出现的报道，在贵阳市附近的清镇亦有发现虎的报道①。但这些有关虎的报道，很多是偶尔出现的虎。

20世纪50年代末，我国在全国范围开展打虎运动，把虎作为害兽进行围捕。笔者在闽北地区调查，仅松溪县一县在1960年前后连续两年中，共猎捕虎20多只。表明松溪县在此之前虎之多，同时也说明此次打虎运动在全国范围内消灭虎的数量很多。此次全国性打虎运动，导致虎的分布范围和数量迅速减少。

从20世纪80年代后，随着人们对生态环境保护意识的增强，虎被作为濒危动物加以保护。20世纪末和21世纪初，发现华南虎和东北虎出没的地点又有所增多。

八、孔雀地理分布的变化

历史上，我国境内的孔雀主要为绿孔雀（*Pavo muticus*），其主要栖息在较温暖潮湿的森林环境中。

---

① 谭邦杰：《中国的虎》，《自然杂志》，1980年第11期，第811—814页。

孔雀羽毛绚丽多彩和展屏的特点，使其在古代就倍受人们关注。

在河南淅川县下王岗遗址仰韶文化层（距今6000—5000年）出土孔雀遗骸[1]，是古代我国有关孔雀位置最北的记录。

《周礼·夏官·职方氏》记载，东南地区的扬州和长江中游荆州的"物产"有鸟羽，此鸟羽被认为是孔雀的羽毛。此记载表明，长江三角洲和长江中游的两湖地区都有孔雀分布。

《国语》中《晋语》和《楚语》记载，楚国"物产"有"羽旄齿革"。其中，"羽旄"当为孔雀羽毛。楚国的地域范围很广，其核心地区为今湖南、湖北，以及河南省南部、安徽省淮河两侧和三峡地区。

战国时期文献表明，长江流域孔雀很多。如《楚辞·大招》有"孔雀盈庭"[2]之语。前人注为人工饲养于园中的孔雀，但也有可能是野生孔雀飞集于人工园林中。

晋代左思《三都赋·蜀都赋》描写蜀地"孔翠群

---

① 贾兰坡、张振标：《河南淅川县下王岗遗址中的动物群》，《文物》，1977年第6期，第41—49页。
② ［东汉］王逸注：《楚辞章句》卷十《大招》，文渊阁《四库全书》集部第1册，台北：台湾商务印书馆，1987年影印版，第69页。

翔"，他又在《吴都赋》中描写吴地"孔雀綷羽而翱翔"①。此记载表明至三国和晋代时期，四川盆地和长江三角洲地区孔雀分布还很广。

云南地区自古孔雀就分布很广。《后汉书·南蛮西南夷列传》记载，昆明、滇池地区以及哀牢山地区出产孔雀。晋常璩《华阳国志·南中志》记载，永昌郡和晋宁郡，有孔雀。永昌郡的地域范围包括今保山地区、临沧地区和西双版纳地区，晋宁郡相当于今天的昆明地区。

岭南地区古代孔雀分布很广。特别是晋代以后，记载岭南有孔雀的文献有晋代刘欣期的《交州记》②和晋代无名氏的《南中八郡志》。

唐代有多部文献记载岭南地区有孔雀。如，《新唐书·地理志·岭南道》、唐段公录《北户录》、唐人撰写的《南方异物志》、唐孟琯的《岭南异物志》③等。但唐代文献不见南岭以北地区有孔雀的记载。与

① ［晋］左思：《三都赋》，载于《文选》卷四，文渊阁《四库全书》集部第268册，台北：台湾商务印书馆，1987年影印版，第74页。
② 刘纬毅：《汉唐方志辑佚》，北京：北京图书馆出版社，1997年版，第130—133页。
③ ［唐］孟琯：《岭南异物志》，载于《太平御览》卷九百二十四，文渊阁《四库全书》子部第207册，台北：台湾商务印书馆，1987年影印版，第267页。

晋代时期孔雀分布北界相比，唐代孔雀分布北界向南大大退缩，这一变化可能与隋炀帝时期曾下令大肆搜捕珍禽异兽有关。

宋代记载岭南地区有孔雀的文献也很多。如宋代《大观本草》卷四十九[①]，宋代周去非《岭外代答》[②]，《太平寰宇记》卷一百六十一"高州"、卷一百六十三"新兴县"、卷一百六十五"郁林州"、卷二百六十七"化州"，《宋史·地理志》"荆湖南北路"，宋代王象之《舆地纪胜》卷一百九十九"广南西路·钦州"、卷一百二十一"广南西路·郁林州"，宋范成大《桂海虞衡志·志禽》[③]，宋罗愿《尔雅翼·释鸟》[④]，宋蔡絛《铁围山丛谈》[⑤]等文献。

明代有大量文献记载广东潮汕地区和西部雷州半岛，广西东部和南部以及云南的中南部地区都有孔雀

① ［宋］唐慎微原著，［宋］艾晟刊订，尚志钧点校：《大观本草》，合肥：安徽科学技术出版社，2002年版，第609页。
② ［宋］周去非：《岭外代答》卷九《禽兽门》，文渊阁《四库全书》史部第347册，台北：台湾商务印书馆，1987年影印版，第389—468页。
③ ［宋］范成大：《桂海虞衡志》，文渊阁《四库全书》史部第347册，台北：台湾商务印书馆，1987年影印版，第376页。
④ ［宋］罗愿：《尔雅翼》卷十三，文渊阁《四库全书》经部第216册，台北：台湾商务印书馆，1987年影印版，第362—363页。
⑤ ［宋］蔡絛：《铁围山丛谈》，收于［明］陶宗仪《说郛》卷四十九，文渊阁《四库全书》子部第184册，台北：台湾商务印书馆，第635页。

分布。

清代文献表明，不仅南岭以南地区孔雀分布广泛，南岭以北许多地区也有孔雀分布。如《古今图书集成》卷一千二百七十九《永州府》"物产"有孔雀。清代永州府辖今湖南省永州市及祁阳、冷水滩、零陵、双牌、东安、道县、江永、江华、新田诸市县。另外，乾隆《辰州府志》"物产"有孔雀。清代辰州府辖今湖南沅陵、泸溪、辰溪、溆浦诸县。由此，清代早期和中期，孔雀分布最北在湖南省的南部，与岭南地区的孔雀形成连续分布。

需要指出的是，唐、宋、元时期的文献都记载孔雀分布在南岭以南，而清代文献记载的孔雀分布北界却在南岭以北很远的距离，反映了孔雀分布范围向北有所扩展。这可能是由于隋炀帝时期对珍禽异兽的大肆猎捕，使得南岭以北地区的孔雀数量大为减少。此后，孔雀又得到繁衍，其分布地域也逐渐扩展。到清代初期，孔雀分布范围向南岭以北地区得到很大扩展。

清代早中期岭南地区许多方志亦记载有孔雀。有如下诸方志：康熙《海康县志》"物产"有孔雀。海康县位于雷州半岛。雍正十一年（1733）《广西通志》"物产"记载太平府和南宁府以及思恩府的上林县等地"土产"有孔雀，其地域位于广西的西南部。《乾隆府厅州县志》广东的高州府（卷四十二）、廉州府（卷四十二）、雷州府（卷四十二）诸府"土贡"有孔雀，还记载云南《景东厅》（卷四十六）、元江州（卷四十六）、镇沅州（卷四十六）、永昌府（卷四十六）"土贡"孔雀。与清代初期编纂的《古今图书集成》相比，减少了广州府，但增加了雷州府。

清代中期编纂的《嘉庆重修一统志》记载有孔雀的府和州：广东统部有高州府、廉州府的钦州，以及云南统部有元江直隶州、镇沅直隶州、景东直隶厅和腾越直隶厅。高州府位于广东省西部，毗邻广西。钦州今属广西。高州和钦州可能是18世纪末至19世纪初广东和广西孔雀的主要分布地域。

《嘉庆重修一统志》与《古今图书集成》及《乾隆府厅州县志》相比，减少了广州府和雷州府，表明到18世纪末和19世纪初的嘉庆时期，岭南地区孔雀分布范围大为缩小。

在广西除了在《嘉庆重修一统志》记载廉州府有孔雀，嘉庆《广西通志》在思恩府（卷九十）、南宁府（卷九十二）、太平府（卷九十三）诸府"物产"

中有孔雀，但孔雀在各府的表述有所不同。思恩府：
"孔雀出上林，今渐少矣（金志）。"南宁府："孔
雀，各州县出（金志）。"太平府："孔雀，各州县
出，土人谓之鸣凤。"其中，思恩府和南宁府是引嘉
庆之前编纂的《金志》，而太平府未注是引旧志，则
应是当时人记当时事，反映了嘉庆时太平府辖境孔雀
还很多。思恩府位于广西的中西部，包括今南宁市、
百色地区和河池地区各一部分；南宁府为今南宁市辖
区的一部分；太平府位于今南宁市辖区西南部。这三
个府大致位于今广西的西部和南部，为多山地区。
嘉庆《广西通志》有关孔雀的记载表明，18世纪末至
19世纪初，广西中部以及西南部山区孔雀可能分布还
较广。道光十三年（1833）《廉州府志》"物产"记
载有孔雀，并记载"出时、罗峒"，"出时、罗峒"
可能位于廉州府周边的山区。道光二十七年（1847）
《南宁府志》"物产"中亦有孔雀。

　　在云南，在《嘉庆重修一统志》中记载了四个
行政地域有孔雀，即元江直隶州、镇沅直隶州、景东
直隶厅和腾越直隶厅。这四个行政区域包括了云南的
中南部和西南部。其中景东直隶厅、元江直隶州和镇
沅直隶州三个行政区大致由西北向东南方向布列，哀

牢山穿过此三个地区；腾越直隶厅位于云南最西部，高黎贡山自北而南穿过。由此，当时云南的孔雀可能主要分布于哀牢山和高黎贡山。此外，雍正《建水县志》"物产"有孔雀；嘉庆《滇系》记载景东直隶厅"赋产"有孔雀。这些记载表明，清代中期，孔雀在云南南部和西南部还有很广的分布。

19世纪末至20世纪前期，广西仅有1937年《邕宁县志》记载有孔雀，此后，广西不再见有关孔雀的记载。

20世纪前期，云南记载有孔雀的方志仍很多。如1921年《元江志稿》"物产""孔雀产老雾山之下箐"。1923年《景东县志稿》"物产"有孔雀。1932年《马关县志》"物产"有孔雀。1933年《新平县志》"物产"记载"孔雀产哀牢山中"。1938年《镇越县志》"物产"记"野禽之常见者"有孔雀。民国时期的镇越县位于今西双版纳傣族自治州东部，隶属景洪县。这些记载表明，20世纪前期，云南西南部和南部有多个县有孔雀分布，但可能这些区域已是彼此分离。

20世纪后半期，云南省孔雀分布范围又大大缩减。西双版纳国家级自然保护区是孔雀主要分布区，保护区地跨景洪、勐海、勐腊三县。①另外，高黎贡山自然保护区②、临沧市沧源佤族自治县和耿马傣族佤族自治县境内的南滚河国家级自然保护区也有孔雀分布。③

综观历史时期孔雀分布范围的变化，与其他动物在历史时期分布范围的变化过程有所不同。其他动物在历史时期地理分布的变化是其分布范围一直趋于缩小，而孔雀在历史时期地理分布的变化，虽然其总趋势也是分布范围趋向于缩小，但在明末和清初，其分布范围有所扩大，即从南岭以南向南岭以北扩展。

如果说历史早期孔雀分布范围的变化更多的是与气候变化有关，那么，随着历史的进程，人类捕杀越来越成为孔雀分布范围缩小的主要原因。如早在汉代的桓宽《盐铁论·崇礼》中记载："南越以孔雀珥门户。"④其大意是南越以孔雀来装饰门户。南越当指岭南地区而言。唐代刘恂《岭表录异》卷下记载"交趾

① 李文华、赵献英编著：《中国的自然保护区》，北京：商务印书馆，1984年版，第72—74页。

② 张家胜：《高黎贡山自然保护区》，《野生动物》，1997年第6期，第3—5页。

③ 郭宝田、王志胜、兰道英：《南滚河保护区野生动物资源现状》，《野生动物》，1999年第4期，第46—47页。

④ ［汉］桓宽：《盐铁论》卷八《崇礼》，文渊阁《四库全书》子部第1册，台北：台湾商务印书馆，1987年影印版，第595页。

人多养孔雀，采金翠毛为扇"①。宋代周去非《岭外代答》记载岭南地区野生孔雀很多，分布很广，人们捕来制成腊制食品。②宋代罗愿《尔雅翼·释鸟》记载粤人捕杀孔雀"以珥门户"③。特别是隋代隋炀帝大肆搜刮奇珍异兽，导致孔雀的分布范围大为缩小，数量也大为减少。除了人类的猎捕，森林面积的减少导致孔雀生存空间的缩小，是孔雀分布范围缩小的另一重要原因。明末清初，孔雀分布范围有从岭南向岭北扩展的趋势，可能是与明末清初战乱导致人口减少有关。

① ［唐］刘恂：《岭表录异》卷下，文渊阁《四库全书》史部第347册，台北：台湾商务印书馆，1987年影印版，第96页。
② ［宋］周去非：《岭外代答》卷九《禽兽门》，文渊阁《四库全书》史部第347册，台北：台湾商务印书馆，1987年影印版，第468页。
③ ［宋］罗愿：《尔雅翼》卷十三，文渊阁《四库全书》经部第216册，台北：台湾商务印书馆，1987年影印版，第362—363页。

历史时期中国生态环境演变史纲

第七章 历史时期生态环境的改造和治理

河南省兰考县原先蒙受风沙之害，生态环境极为恶劣，人们生活极度贫困。上世纪中叶，焦裕禄来此任县委书记，他带领全县人民，种植泡桐，改造生态环境。今天，该县生态环境得到根本好转，到处是泡桐树。这是焦裕禄亲手栽植的泡桐，三人才能合抱。后面是泡桐树和粮食作物套种的景观。泡桐与粮食作物套种在该县是普遍景观。泡桐树是制造乐器的良材。泡桐树给兰考县带来极大经济效益。（2003年8月摄）

在漫长的历史时期中，勤劳聪慧的中华民族先民，披荆斩棘，将一片片丛林草莽和野兽横行的荒野，开辟为良田沃野，建成美好家园。虽然在一些地域的开发中，对原始生态环境造成破坏，导致生态环境恶化，如黄土高原地区的开发和一些山地的开发，导致水土流失，有的地区则导致沙漠化，但大部分地区的开发是成功的，为中华民族的生存和发展提供了丰厚的物质基础。实际上，中华民族先民对原始生态环境的开发过程也是对生态环境的改造和治理过程。中华民族先民在对原始生态环境的改造和治理过程中，针对不同地区生态环境特点，采取了不同措施，创造了对不同生态环境改造和治理的丰富经验和辉煌成就。

黄淮海平原是中华民族开发最早的地区之一。在历史早期，黄河频繁泛滥改道，海河诸多支流及淮河诸多支流也频繁地泛滥和改道，使黄淮海平原水灾频繁。此外，黄淮海平原还频繁发生旱灾，更有大面积盐碱化土地。中华民族先民从很早开始，就通过治水对这里的生态环境进行治理。先从传说中的大禹治水开始，后有西门豹治理漳河，经历代不懈的努力治河治水，兴修水利，改良低洼地和盐碱地，将黄淮海平原开辟建设为我国最重要的粮棉油产地和经济区。

长江三角洲，地势低洼，古代暴雨洪水灾害频繁，湖泊很多，有"五湖"之说。中华民族先民很早就在这里与台风、暴雨、洪水拼搏，耕耘养殖。长江三角洲地区是我国水稻种植的发祥地之一，早在7000多年前的桐乡市罗家角遗址，人们就已种植水稻。在距今5300—4000年期间，中华民族先民在太湖周围发展起了良渚文化，兴建了规模庞大的水利工程，建造了规模巨大的大城，雕琢了大量精美玉器。其中，在距今4700多年前的属于良渚文化的浙江湖州钱山漾遗址，人们还发现丝麻织物，被称为"世界丝绸之源"。良渚文化是中华文明的肇始。早在2500多年前的春秋时期，这里的人们就在太湖南侧的低洼地上开辟"桑基鱼塘"。所谓桑基鱼塘，即在低洼地上深挖池塘养鱼，将挖出的泥土堆积在池塘之间，形成"基田"，在其上栽植桑树，以桑叶养蚕，蚕沙（蚕粪）养鱼，鱼粪肥田，可以说这是世界上最早的最完美的可循环生态模式。湖州地区的桑基鱼塘，一直延续到现在，2017年被联合国粮农组织评选为"全球重要农业文化遗产"。这里的桑基鱼塘不仅创造了地势低洼地区生态环境改造的最佳模式，还为长三角地区丝织业发展做出重要贡献。特别是唐宋以后，由于有大批人口从北方的黄河流域迁徙到长三角地区，对这里进行开发，兴修水利，建设了旱能灌溉、涝能排水的圩田，终于将长江三角洲这个曾经水灾频繁的地区开发成为我国最为富庶的地区之一。

江汉平原和洞庭湖平原，古代水灾频繁，经历代开辟，兴修水利，修建了长江荆江段大堤和汉水下游堤防，使这片古代水灾频繁、野兽横行的水乡泽国，成为鱼米之乡。清代有"湖广熟，天下足"之说，其中就有江汉平原和洞庭湖平原开发的贡献。

成都平原，古代曾是"犀象竞驰"的地势低洼、多湖沼之地，经过2000多年来的开发，人们兴修水利，其中有李冰父子主持开凿的著名的都江堰水利工程和水利灌溉系统，使成都平原水旱无忧，成为"鱼米之乡"，号称"天府之国"。

珠江三角洲的顺德、佛山等地沿珠江两侧，地势低洼，这里的人民在漫长历史时期中，也创造了"桑基鱼田"的模式，改善了生态环境，为珠三角地区丝织业乃至经济发展做出重要贡献。珠三角地区的桑基鱼塘也曾久负盛名，但今天由于城镇化和工业的发展，这里桑基鱼塘的面积有所缩小。

此外，还有江苏省苏北里下河地区的兴化市，曾是一片滨海的湖沼洼地,由于历史上淮河频发洪水以及来自海上的风暴潮,这里水灾频繁。在漫长历史时期中,这里的人们创造了"垛田"的开发模式。所谓"垛田",就是将低洼地上的淤泥挖起堆积成一块块大小不等、形状各异、彼此分离的小块田,称为垛田,又称台田,好似众多小岛散布在无边的水域之中。虽然这一地区水患频发,但垛田的开发模式使得庄稼少受其害,也造就了独特的风景,成为物产丰饶的富庶之地。2014年兴化垛田被联合国粮农组织评选为"全球重要农业文化遗产"。

生态环境严酷的西北干旱地区,历史上生态环境的改造和治理也有很多辉煌成就。如银川平原,这里曾经是荒漠草原和盐碱化的滩地。从2200多年前的秦代开始,人们就向这里移民开垦,历经2000多年的开发和治理,今天这里盛产大米、瓜果,有"塞上江南"之称。棋盘格式的稻田,以及相间其中的果园和一排排高耸的钻天杨,展现出一片秀美的景色。

内蒙古河套地区,其西部属于荒漠地带,东部属于草原地带。经过历代开辟,特别是清代以后的开发,原先的荒漠和草原以及盐碱化土壤已成为一片良田沃野。今天的河套平原盛产小麦、甜菜、向日葵、甜瓜等作物，乌梁素海则盛产黄河鲤鱼。河套平原已是名副其实的鱼米之乡，有"内蒙古粮仓"的美誉。

河西走廊和新疆，气候极端干旱，勤劳的各族人民，利用各种办法兴修水利，包括开凿坎儿井，巧妙利用宝贵的水资源，在荒漠戈壁上建成一个个绿洲，像一块块绿色翡翠，镶嵌在荒漠戈壁上，不仅以盛产瓜果和棉花而著称，还为历史上东西方文化交流搭建了桥梁，作出巨大贡献。

相对于平原地区，山地的不当开发容易导致水土流失和生态环境恶化。我国各族人民在漫长历史时期中，创造了梯田这一开发模式。其中尤以云南红河哈尼梯田、湖南娄底市新化县紫鹊界梯田和广西龙胜各族自治县龙脊镇龙脊梯田最为著名。三大梯田有着共同的特点，即有科学的梯田工程、科学巧妙的水利工程、科学而严格的水利管理，特别是还都保留有一定面积的天然森林。天然森林与梯田及水利工程的协调，人与自然和谐，水旱无忧，景色优美，创造了山地开发的奇迹。

总之，历史上中华民族先民对生态环境的开发治理，创造和积累了丰富的经验，是今天生态建设的宝贵财富。

枯死的胡杨，位于塔里木盆地北缘轮台县境内塔里木河北侧
胡杨林森林公园。由于得不到塔里木河的滋润，这片胡杨林
枯死。这片枯死胡杨林展示出一种令人毛骨悚然的景象，告
诫人们生态环境恶化所造成的可怕后果，以及提醒人们保护
生态环境的重要性，警示人们面对全球气候变化，可能带来
的生态环境问题，人们应采取措施，遏制生态环境的恶化，
遏制全球气候变暖的趋势。（2003年11月摄）

历史时期我国生态环境变化以及当代生态环境改造和治理，可以为我们提供许多启示和思考。

一、清代围场及周边地区生态环境的破坏与塞罕坝生态环境恢复的启示

我国北方长城沿线，被称为"农牧交错带"。这一地带，生态环境脆弱，由于历史时期农业民族和游牧民族交替出现、农业的开垦、战争及军事活动等原因，生态环境受到很大破坏。而且，这一地带，生态环境的自然恢复难度相当大，即使在人类破坏停止后，自然界的演进还会继续向恶化的方向发展，甚至向沙漠化和荒漠化方向发展，成为我国生态环境问题比较突出的地带。位于河北省承德市北面的围场及其周边地区，历史时期生态环境的演变，就是一个很典型的例证。

围场及其周边地区，包括其西面滦河上游大拐弯的南北两侧以及东面的赤峰地区，古代都曾经是森林。如，北魏郦道元在《水经注》中记载，滦河上游大拐弯南北都被称为松山。宋辽时期，围场及其周围地区，有"松林数千里"之称，包括燕山和围场以北

的西辽河源头地区到西拉木伦河北侧的大兴安岭西南段山地的广大地区。其中西辽河源头地区辽代就有"平地松林"之称（今天这里仍残存有由樟子松构成的松林）。

元代这一地区仍有面积广大的原始天然森林。元代在西辽河西南部地区设立"松州"，其地域范围可能包括今赤峰市以西，承德市围场县以北，翁牛特旗以南的山地。元世祖时期松州知州仆散秃哥"前后射虎万计，赐号万虎将军"。此记载表明，元代这里生态环境很好，有面积广大的森林。

这一地区的森林生态环境自元代以来，逐渐遭到破坏，但各个地方森林的破坏有先后之别。

滦河上游大拐弯处的森林被破坏得最早，从元代就已开始。元朝在滦河上游大拐弯北侧建上都，作为陪都，每年夏季帝王和大臣们都要来此避暑。在上都的带动和刺激下，周围地区还兴起一些农业聚落，这对滦河上游森林植被有很大破坏。每年夏季陪同帝王来上都避暑的元代文人在他们的诗文中对此有详细描写。如，元代诗人袁桷《松林行》诗中有"万井燃松烟似墨"之句，元代白珽诗中有"滦人薪巨松，童山八百里"①之句，都很生动地说明当时对滦河上游大拐弯两侧森林植被破坏的程度。

清代康熙皇帝选择围场作为皇家猎苑，是由于蒙古喀拉沁王爷主动将这片土地献给康熙。但首先是康熙看好这片土地，看好这里有着良好的生态环境，看好这里有大片森林和草地，有众多野生动物在此栖息。康熙没有选择曾经是元代上都所在的滦河大拐弯地区作为皇家猎苑，意味着其生态环境没有围场地区好，表明滦河大拐弯地区的生态环境在元代遭破坏后，到清代初期，历经300多年的漫长岁月之后，其生态环境仍未能恢复，也说明这里生态环境脆弱，自然界自身恢复难度很大。

清代康熙早期设立围场，成为皇家猎苑，每年都要在这里以行围狩猎的方式演练军旅，推行"肄武绥藩"的国策，这里的生态环境则得到很好的保护。但围场以外地区，从康熙早期就有来自关内的移民进行开垦，到乾隆时期，围场以东地区已被大量开垦。如乾隆十三年（1748）九月上谕："蒙古旧俗，择水草

---

① ［清］金志节原本，黄可润增修：《口北三厅志》，乾隆二十三年（1758）刊本，卷十三和卷十四，《中国方志丛书》，台北：成文出版社，1968年影印版，第246、278页。

地游牧以孳牲畜，非若内地民人倚赖种地也。康熙年间，喀喇沁扎萨克等地方宽广，每招募民人春令出口种地，冬则遣回。于是蒙古贪得租之利，容留外来民人，迄今多至数万，渐将地亩贱价出典，因而游牧地窄，至失本业。"①乾隆皇帝还有诗文描写围场周边地区被开垦的情况。如，《所见》一诗写道："垦遍山田不剩林（三十年以前，凡关外山皆有木可猎，今则开垦，率遍不见林木，非木兰猎场禁地，皆不可行围矣），余粮栖亩幸逢霖；不教纵骑轻蹂躏……"括弧中文字为乾隆皇帝原注。又在《关外》（辛巳）一诗中写道："关外田经历历砍，不禁额手为农欢。高原固喜仓箱近，下隰依然柰栗攒。采圃瓜棚赖生计，思艰图易廑心官。"②唯有围场地区，由于作为皇家猎苑而得到保护，天然植被得到充分的自然发育，形成以针叶树为主并包括多种树木的天然植被。如，乾隆描写围场景观的诗："塞山树万种，就里老松佳；落落四时翠，森森列嶂排。""木兰九月雨，秋暖实殊

① 光绪《承德府志》，卷首二《诏谕》，《中国方志丛书》，台北：成文出版社，1969年影印版，第52—53页。
② 《钦定热河志》卷五，文渊阁《四库全书》史部第253册，台北：台湾商务印书馆，1987年影印版，第97页。

历史时期中国生态环境演变史纲

常；万岭迷烟意，千林翻湿光。"①乾隆皇帝还有大量诗篇描写围场地区多枫树，赞颂秋季红叶的盛况。嘉庆皇帝亦指出："木兰围场为上塞神皋，水草丰美，滋生蕃富，我圣祖仁皇帝肇举行围，著为令典。"②文中的圣祖仁皇帝即康熙皇帝。再如，嘉庆十五年（1810）八月上谕指出围场在乾隆时期曾长林丰草："朕此次巡幸木兰，举行秋狝，连日围场牲兽甚少。本日巴彦布尔噶苏台围尤属寥寥。询之管围大臣丹巴多尔济等称，山岗上下多有人马形迹，并有车行规辙，山巅林木亦较前稀少。从前朕随皇考高宗纯皇帝屡次进哨，此数围皆系长林丰草。牲兽最多之地，除田猎弋获外，所放鹿只动以千百计，何以至今情形迥异？自系围场官员兵丁平素漫不查察，任听附近民人及蒙古等私伐林木，潜偷牲只，或徇情贿纵，均未可知。"③文中的高宗纯皇帝为嘉庆皇帝父亲乾隆皇帝，表明乾隆时期围场内为长林丰草。从乾隆晚年开始到

---

① 《钦定热河志》卷六《松风二首》、卷七《雨》（九月十二日），文渊阁《四库全书》史部第253册，台北：台湾商务印书馆，1987年影印版，第114、122页。

② 光绪《承德府志》卷首三《诏谕三·嘉庆八年八月是月上谕》，《中国方志丛书》，台北：成文出版社，1969年影印版，第70页。

③ 光绪《承德府志》卷首三《诏谕三·嘉庆十五年八月上谕》，《中国方志丛书》，台北：台湾商务印书馆，1969年影印版，第74页。

嘉庆时期，围场内的管理制度逐渐松懈，盗采盗伐盗猎情况逐渐严重。到了嘉庆的儿子道光继位后，木兰秋狝之制被废止，道光三年（1826）木兰围场又被开围，允许百姓入围垦荒。清朝末年，朝廷又下令对木兰围场原始森林进行砍伐，再加上周围民众偷砍偷伐，围场的天然森林遂遭到彻底破坏，成为风沙肆虐的荒野。

围场的演变历史表明，这里原生天然植被为以针叶树为主，并有多种阔叶树以及间有茂盛草本植物形成草地的"长林丰草"景观，即森林草原生态环境。由于这里生态环境脆弱，森林被破坏后，生态环境并没有得到自然恢复，而是趋向恶化，即草原化和沙化，所谓"逆向演化"，生态环境趋向严酷。位于围场北部的塞罕坝，正是因原有的森林被破坏，生态环境逆向演化，最后导致沙化和荒漠化景观，生态环境变得极为严酷。如果没有人为的干预，自然界难以自我恢复。塞罕坝人正是在这样的生态环境背景下进行植树造林的，其难度是非常大的。三代塞罕坝人在严酷的自然环境中造出了100多万亩的森林，使这片昔日风沙肆虐的荒原变成了一望无际的林海，为我国生态环境建设树立很好的典范。他们有许多亮点可为今天我国生态建设借鉴。

（1）艰苦奋斗顽强拼搏和百折不挠坚韧不拔的精神。面对严酷的自然条件，严寒、大雪和风沙肆虐的荒凉原野，艰苦的生活条件，塞罕坝人凭着顽强拼搏和坚韧不拔的精神，三代人持续奋斗。自然灾害摧毁了树木，他们的决心和意志却丝毫不动摇。这种精神，为其他生态环境恶劣地区进行治理树立很好的榜样。

（2）科学理念。塞罕坝人尊重自然，按照自然法则和自然规律进行造林；选择适合当地自然环境的耐寒和耐旱树种，如落叶松、樟子松和云杉等针叶树；以及设立科学严格的管理制度。

（3）生态理念。为了保持良好的生态环境，塞罕坝人宁肯少砍树，减少收入；为了保护生态环境，将接待旅游人数限制在环境容量半数。他们的做法，实践了习近平主席的"绿水青山就是金山银山""宁要绿水青山，也不要金山银山"的理念。

（4）不断探索和创新精神。塞罕坝人不满足于把树木栽活，不满足于只有成片的树木。他们探索如何让树木生长得更好，还探索如何按照生物多样化的理念来发展林业，让物种更加丰富多样，让生态环境更好，不断进行探索研究创新。

（5）对周边地区具有示范意义。今天，塞罕坝人用他们艰苦拼搏的精神，扭转了生态环境的这种恶化的逆向变化，这里降水有所增加，风沙日数有所减少，调蓄滦河和西辽河的源头水资源，取得了巨大的生态效益。塞罕坝的经验，对于它的毗邻地区，包括历史上生态环境相同的都属于"千里松林"的它的西面和东面甚至北面地区，显然具有示范意义和带领意义。我们高兴地看到，今天在承德地区、张家口地区和太行山的许多地区，正以塞罕坝人为榜样，进行植树造林，为京津冀建造绿色屏障。塞罕坝人的艰苦奋斗顽强拼搏精神与科学理念、生态理念以及不断探索精神，对于我国农牧交错带地区，乃至全国的生态建设也都有示范作用和带动作用。

二、库布齐沙漠治理成就的启示

我国有面积广大的沙漠。沙漠化曾吞噬大片农田和村镇，是我国一个严重的生态环境问题。近几十年来，我国在沙漠化治理方面取得很大成绩，在内蒙古自治区、陕北、宁夏、甘肃和新疆等，都有不少治理沙漠化的事迹。其中，在库布齐沙漠的治理，成就尤为突出。这个被称为我国第七大的沙漠，在20世纪中期，还不断地吞噬着农田和村落，从20世纪末以来的短短时间里，已有1/3的面积被绿化，沙害已基本得到控制，其取得的成绩，受到国家环保部的表彰，也受到国际上的关注，得到联合国有关机构的表彰。库布齐沙漠的治理，给我们提供了若干启示。

首先，在沙漠治理上，他们有艰苦拼搏精神；其次，有科学理念。他们没有照搬别处的生态治理经验或模式，而是根据当地的自然地理环境特点，选择适合在这里生长的植物，自己探索和创造出了一套生态环境治理的办法。虽然他们也在这里栽植了一定面积的耐干旱和寒冷的松柏类针叶树，但他们没有盲目地追求种树，而是选择适合在这里生长的、更能耐干旱的植物，如沙柳、杨柴等灌木，以及甘草等既能成活、有固沙的生态效益，又有经济效益的植物。人们还大面积种植牧草，既固沙，又发展养羊业。把生态效益与经济效益结合，具有务实精神。

说到尊重自然规律，似乎很容易做到，但实际上并非如此。历史上就有这种不尊重自然规律的事例。据《宋史·郑文宝传》记载，郑文宝驱使民众在清远（位于今甘肃省环县西北约100千米）种植树木，那里属于荒漠草原，土地盐碱化很重，树木不能成活，最后都枯死。"清远在旱海中，去灵、环皆三、四百里，素无水泉。文宝发民负水数百里外，留屯数千人，又募民以榆、槐杂树及猫、狗、鸡、鸭至者，厚给其值。地潟卤，树皆立枯。西民甚苦其役。"郑文宝违背自然规律，在不适合种树的地方种树，是劳民伤财。再如，中华人民共和国成立以来，为了改变黄土高原生态环境，曾在一些不适合树木生长的地方种树，结果在一些地区年年植树造林，却不见林；有一些地方，虽然也种树，但最后都是矮小的"老头树"。

我国地域辽阔，自然条件复杂多样，各地适合生长的植物种类很不相同。各地生态建设的成功经验，不能照搬。我国沙漠面积广大，各个沙漠地区生态环境也有很大差异，其他地区沙漠的治理，也不能照搬库布齐沙漠的治理经验。

三、未来全球气候变化影响的生态环境思考

全球气候正在趋向变暖，已是不争的事实。全球气候变暖，对我国生态环境的影响是广泛和多方面的。从东部海滨到最西北的新疆，都会在不同程度上

受到全球气候变化的影响。其中有正面影响，如，可使我国北方寒冷地区无霜期延长，延长农作物生长季，还可使我国北方和西北地区降水量增加，使森林带和草原带向西北移动，使我国许多生长于亚热带和热带的作物的分布北界向北移动，等等。但同时，全球气候变暖也会带来许多负面的影响和问题，带来各种自然灾害。

全球气候变暖，带来的自然灾害在不同地区会有所不同。在我国东南部地区，暴风雨（台风）的频率会增加，强度会增强。这会增加海滨地带风暴潮的威胁，特别是对那些沿海养殖、海滨城镇和海滨旅游设施等造成威胁。暴雨和洪水，会对远离海岸带的内地造成威胁。如，长江三角洲上曾经一度非常兴旺繁荣的良渚文化大致在4000年前消失，可能就是与那时全球气候变化带来的暴雨、洪水有关。全球气候变暖，还可使副热带高压增强，也会导致江淮地区发生旱灾。全球气候变化对大西北内陆干旱地区也会有一定影响。即突发性阵雨形成的洪水灾害，以及某些地区，如新疆天山以北地区雪灾以及春季融雪造成的洪水灾害会有所增加。全球气候变暖，也有可能使西北干旱半干旱地区蒸发量增加，加剧干旱程度。全球气候变化还可能使我国多山的西南地区增加山洪、滑坡和泥石流的危险。全球气候变暖给我国带来负面影响最严重的地区，应是我国中纬度的黄河流域，应特别予以重视。

对黄河流域生态环境变化历史的研究表明，早在气候较今天温暖的上古时期，黄河流域降水要比今天多，但在气候温暖时期，黄河流域气候不稳定，会出现极端情况，即会出现大的暴雨洪水和严重干旱。如，我国最早一部典籍《尚书·尧典》记载，尧舜禹时期的洪水"浩浩滔天"，那时洪水灾害非常严重，因而有大禹治水的伟大业绩。在上古时期，也曾发生严重的干旱。如，商代初期的第一位帝王汤的时期，就有七年之旱。尧舜禹时期的大洪水和商汤时期的干旱，都发生在黄河下游的黄淮海平原地区。古代黄淮海平原曾有许多湖泊，这些湖泊曾对调蓄洪水、减少洪水灾害起过重要作用。另一方面，这些湖泊对于补给黄淮海平原地下水也起着重要作用。今天黄淮海平原北部的河北平原，面临严重的水资源匮乏。如，一位前辈告知笔者，早在20世纪30年代初，从保定到天津，可乘小火轮沿大清河直接到达。另据笔者调查，在20世纪50年代初，河北平原的许多地区，地下水位距地表只有1米左右，在一些地区只要在井沿探下头弯下腰，就能触到井水水面。但今天，由于严重超采，地下水位下降到距离地表深达近百米至数百米，形成大面积地下水漏斗区。特别具有讽刺意味的是，古代大陆泽所在地区，曾一度是河北平原最大的地下水漏斗区。今天黄淮海平原地区是我国最重要的经济区之一，这里人口密集，城市密集，工业聚集，交通网密集，一旦发生大洪水或严重干旱，就会造成严重损失，是黄淮海平原经受不起的。因此，这是有必要特别指出、值得思考的问题。

生态环境有其自身发展规律。生态环境中的山山水水，每一种植物，每一种动物，都是大自然在漫长岁月中演化形成的，它们构成自然界相互联系的有机系统。每一种植物或每一种动物的消失，都可能对生态系统造成意想不到的后果。因此，我们要爱护山山水水，保护那些濒危的植物和动物。

最后，用习近平总书记的"绿水青山就是金山银山"，"宁愿要绿水青山，也不要金山银山"的理念，来结束这本小书，愿祖国的山河更加秀美，人与自然更加和谐。

主要参考文献

（按出版年份排序）

［1］乐史. 太平寰宇记. 刻本. 金陵书局，1882（光绪八年）.

［2］樊绰著，向达校注. 蛮书校注. 北京：中华书局，1962.

［3］中国科学院考古研究所，陕西省西安半坡博物馆. 西安半坡. 北京：文物出版社，1963.

［4］中国科学院青海甘肃综合考察队（张荣祖，等）. 青海甘肃兽类调查报告. 北京：科学出版社，1964.

［5］张诚. 张诚日记. 陈霞飞，译；陈泽宪，校. 北京：商务印书馆，1973.

［6］山东省文物管理处，济南市博物馆. 大汶口新石器时代墓葬发掘报告. 北京：文物出版社，1974.

［7］张明华. 罗家角动物群. 桐乡县罗家角遗址发掘报告. 浙江省文物考古所学刊. 北京：文物出版社，1981.

［8］库罗帕特金. 喀什噶尔. 中国社会科学院近代史研究所翻译室，译. 北京：商务印书馆，1982.

历史时期中国生态环境演变史纲

303

［9］李吉甫撰；贺次君点校.元和郡县图志.北京：中华书局，1983.

［10］常璩撰，刘琳校注.华阳国志校注.成都：巴蜀书社，1984.

［11］李文华，赵献英.中国的自然保护区.北京：商务印书馆，1984.

［12］蒋毓英，等.台湾府志三种.影印本.北京：中华书局，1985.

［13］林梅村.楼兰尼雅出土文书.北京：文物出版社，1985.

［14］刘东生，等.黄土与环境.北京：科学出版社，1985.

［15］陈观浔.西藏志.成都：巴蜀书社，1986.

［16］刘恂.岭表录异.文渊阁《四库全书》史部：第347册.影印本.台北：台湾商务印书馆，1987.

［17］杨雄.蜀都赋.艺文类聚卷61.文渊阁《四库全书》子部：第193册.影印本.台北：台湾商务印书馆，1987.

［18］周去非.岭外代答.文渊阁《四库全书》史部：第247册.影印本.台北：台湾商务印书馆，1987.

［19］左思.三都赋.文选卷6.文渊阁《四库全书》

集部：第268册.影印本.台北：台湾商务印书馆，1987.

［20］魏丰，吴维棠，张明华，等.浙江余姚河姆渡新石器时代遗址动物群.北京：科学出版社，1989.

［21］曹婉如，郑锡煌，黄盛璋，等.中国古代地图集（战国——元）.北京：文物出版社，1990.

［22］周昆叔主编.环境考古研究（第1辑）.北京：科学出版社，1992.

［23］王仲犖.敦煌石室地志残卷考释.郑宜考，整理.上海：上海古籍出版社，1993.

［24］中国社会科学院考古研究所编著.殷墟的发现与研究.北京：科学出版社，1994.

［25］刘纬毅.汉唐方志辑佚.北京：北京图书馆出版社，1997.

［26］王守春.中国古代地图收集、整理和研究的重大成果.地理学报，1998（5）:478.

［27］四川省文物考古研究所.三星堆祭祀坑.北京：文物出版社，1999.

［28］中日（日中）共同尼雅遗迹学术调查报告书.京都：日本京都中村印刷株式会社，1999.

［29］中国社会科学院考古研究所.山东王因——新石器时代遗址发掘报告.北京：科学出版社，2000.

［30］胡锦矗. 大熊猫研究. 上海：上海科技教育出版社，2001.

［31］胡奇光，方环海. 尔雅译注. 上海：上海古籍出版社，2004.

［32］杨天宇. 周礼译注. 上海：上海古籍出版社，2004.

［33］国家林业局. 全国第三次大熊猫调查报告. 北京：科学出版社，2006.

［34］王守春. 中国历史地理学的回顾与展望——建所70周年历史地理学研究成果与发展前景. 地理科学进展，2011，30（04）：442—451.

［35］Sven Hedin Scientific Results of a Journey in Central Asia, 1899–1902. Vol. I. Stockholm: The Tarim River, 1905.

［36］Пржевальский Н. М. От Кяхты на истоки Желтой реки. Исследование северной окраины Тибета и путь через Лоб-нор по бассейну Тарима М., СПБ: Типография В. С. Балашева, 1888.

［37］Певцов М. В. Путешествие в Кашгарию и Кун-Лунь М., Москва: Государственное издательство географической литературы, 1949.

索　引

六、重要自然地理要素（主要山脉、高原、盆地、平原、河流、湖泊、沙漠）

1．山脉

154，256—258，269

吐鲁番盆地　161，250，255，256

准噶尔盆地　101—102，160—161，242，250—253，269

4．平原

成都平原　43，162，216，286

河套平原　见　河套地区　63—65，82，155，244—245，248，254，287—288

黄淮海平原　127—128，131—133，140，147，166，175，284，301—302

江汉平原　32，162，179，184，220，226，234，237，286

银川平原　64，161，287

5．河流

长江　178—179，182—183，185，225，235—236，259，263

海河　127，129，131，133，137，144，179，284

黑河　2，73—74，81—82，92—93，99，155—159

滹沱河　22—23，133，179

淮河　11—13，16，30，127，131，144，176—179，

7．沙漠